岩 波 文 庫

33-956-1

精 選

物理の散歩道

ロゲルギスト著
松 浦 壮 編

岩 波 書 店

はじめに――ロゲルギスト精神(スピリット)

この度、ロゲルギスト エッセイ『物理の散歩道』が新装版として出版されることとなったことは、ロゲルギスト同人の一人として喜びにたえない。

思えば、ロゲルギストがこの随筆を書き始めたのは今から半世紀ほど前のことであった。一般に、物理学というと、数学を使った難しい学問と受け取られがちであるが、このエッセイでは、日常見られる現象に潜む面白さを書き記しているのが特徴である。

このエッセイを書いたロゲルギスト同人は七人であるが、それぞれの専門分野は皆異なっている。しかし、共通しているのは強烈な好奇心と議論好きなことである。この連中が集って議論をし、その話題をまとめ上げたのがこれらのエッセイである。

このようなロゲルギスト エッセイの特徴は何かと考えてみると、そこには一貫してロゲルギスト精神(スピリット)があったような気がする。これは、現象をよく観察し、その中に潜む法則を発見するという普通の自然科学的手法と何ら変わりないのであるが、これを整理してみると、次のような項目に分類できるように思う。

〇日常のよくわかっていると思われている現象の奥に潜む真の原因を突き止める精神（スピリット）

例えば、水滴が水溜まりに落ちるとき、ピョンというい い音を立てるのは、日常経験する当たり前の現象であるが、よく調べてみると、水滴が落ちた水の中に小さな空洞が残り、その空洞に音が共鳴してよい音を発することがわかった。このことはロゲルギストエッセイ「**水玉の物理**」の中で論じている。

もう一つの例をあげよう。呼び鈴というものがある。この頃は、ブザーやインターホーンが主流になったが、昔は呼び出しには、もっぱら呼び鈴が使われていた。これは、表でボタンを押すと、屋内で呼び鈴が鳴り、訪問者が来たことを知らせる仕掛けである。これには電磁石が使われており、ボタンを押すと、電磁石に電流が流れ、槌（つち）の付いている鉄片を吸い付け、槌が鈴を叩く。電流の回路は槌に付いている接点を通っているので、槌が移動すると、電流が切れ、槌は元の位置に戻る。そうすると、また電流が流れて呼び鈴は鳴り続ける。これが理科の教科書に載っている普通の説明である。この当たり前の説明にロゲルギストが「待った」をかけたのが、エッセイ「**呼鈴はなぜ鳴るか**」である。

それによると、電流が流れて、鉄片が引き付けられても、もし接点が付くか離れるかの微妙な位置で止まってしまえば、槌は細かく振動するだけで、呼び鈴は鳴らないはずだというのが、その主張である。しかし、槌の運動を持続させようとする慣性と電磁石の電流を持続させようとするインダクタンスとを考慮することで、すべてをうまく説明できることがわかった。

○詳細な観察で、より深い原因を説明する精神（スピリット）

例えば、表面張力という現象は、弱い力だけに実感としては捕らえ難い現象であるが、濡れた板に石けんが触れると、水がサッと引くのを観察すると、表面張力という力の実在が実感できる。この現象を利用し、水面を動き回る樟脳（しょうのう）舟が作られている。また、これは微弱な力であるが、小さな虫にとっては致命的な恐ろしい力となる。これはエッセイ「表面張力あれやこれや」(『新装版 続 物理の散歩道』所収)に収録されている。

もう一つ例をあげよう。紙に鉛筆で書いた字を消しゴムで消すことは、日常よくしていることだが、消しゴムで消した後に出る細長いカスは、紙の繊維が鉛筆の黒鉛を巻き込んだカスだと思っている人が多い。しかし、よく観察してみると、カスには鉛筆の石墨の破片が巻き込まれているだけで、紙の繊維は傷めていない。ただし、消し損なって紙が黒ずんだ状態を顕微鏡で観察すると、石墨が紙の繊維の下に入り込んでしまっているのがわかる。これはエッセイ「消しゴムの機構」(『新 物理の散歩道 第5集』ちくま学芸文庫、二〇一〇、所収)で述べている。

○知識の盲点を突く意外な発想をする精神(スピリット)

例えば、地上の温度は上空の温度との放射平衡で成り立っている。冬の雲のない晴れた夜に霜が下りるのは、地上から放射が出て行くばかりで、天空からは放射が来ないからである。ところが昼間でも、空から来る熱線のスペクトルを調べてみると、八

〜一三ミクロンの波長の熱線は含まれていないことがわかった。それはこの範囲の熱線は、空気中の水蒸気に吸収されてしまうからである。

そこで、この範囲の熱線しか通さないフィルターができれば、このフィルターで屋根を作り、自然冷房することができるはずである。この範囲の熱線は家の中から出て行くばかりで、空からは入って来ないからである。残念ながら、このような理想的なフィルターが見つかっていないので、このような工夫は実現していない。この話題はエッセイ「**青空にあいている孔**」で述べている。

この話題と同様に、意外な発想に基づく話題にエッセイ「丸ビル大の豆腐」(『新装版 続 物理の散歩道』所収)がある。

豆腐というものは軟らかくて崩れやすいもので、その大きさにはおのずから制限がある。もし丸ビル大の豆腐を作ったら、自重のために崩れてしまうだろう。豆腐屋さんは、大きい豆腐を扱うのに浮力を利用して水中で扱っている。送電線も電柱間の距離を長くして水平に張ると、その自重のために張力が増える。広い河を横切っている送電線は、それを支える鉄塔の高さを十分に高くして送電線を懸垂させて、その張力を加減しなければならない。

地球上の動物で最も大きい鯨が、陸上に住む象よりも大きいのはそれに働く浮力のためではないかと思われる。

○論理を貫く精神(スピリット)

霧吹きの原理とか、飛行機の翼に生じる揚力とかは、ベルヌーイの原理で説明されている。これによると、粘性のない液体の流れの中の一つの流管の中では、流速の大きいところほど、圧力が低いことが示される。ところが、この原理で上述の現象を説明することは論理的に考えるとおかしいことがわかる。

霧吹きの場合は、吹き出し口の所で流速が高く、その先では流管が広がっているように見えるが、実際には、これは周辺の空気を巻き込むからそう見えるだけで、流速はそう衰えていない。この流管は大気に晒(さら)されている以上、どこも一気圧に保たれているはずである。

ではなぜ霧吹きは水を吸い上げるのかというと、それは、空気に粘性があって、水の吸い上げ口の空気を流れの中に巻き込むからである。

また、飛行機の翼に働く揚力は翼の前面が厚くなっているため、上面の流れが下面の流れより速くなっているためベルヌーイの原理によって揚力が働くのだと説明されているが、翼としては厚みのない板を、下が凹むように曲げただけで揚力は働くのである。なぜなら、流れの運動量を下向きに変えるためには、翼は流れに対して下向きの力を加えねばならず、その反作用として揚力が生まれるのである。

このエッセイ「**パラドックスの効用**」を書いたロゲルギスト I_2 は流体力学の大家であるが、自ら書いた教科書に昔風の説明をしたことを後悔されていた。

もう一つ例を挙げよう。それは、エッセイ「月では昼間星が見えるか」(『新装版　第五　物理の散歩道』所収)で論じられている。地球上で昼間星が見えないのは、青空が明るいからである。月には空気がないから、昼間でも空は真っ黒である。だから、昼でも星が見えるはずだと思うのは当然である。ところが、アポロ11号で月面に降りた宇宙飛行士によると、月面から昼間は星が見えなかったそうである。では上述の議論のどこが間違っていたのかというと、地球上で、昼間に星が見えない理由は、青空のためだけではないからである。空にギラギラ光る太陽があれば、瞳孔が狭くなり、星は見えなくてもおかしくない。

○注意深く観察する精神（スピリット）

水面に泡が浮かんでいる光景は日常よく見られるが、よく観察すると、いろいろ面白いことがわかる。シャボン玉をふくらませていくと、次第に膜が薄くなり、膜の中で光が干渉して虹色に輝くようになる。もっとふくらませると、ところどころに黒いスポットが現れる。これは光の波長以下に膜が薄くなった場所で、ここでは上面からの反射光と下面からの反射光との位相差が小さいので、干渉が生じないからである。

よく洗濯のあとに、泡が乾いてしまって、泡の骨だけが残っているように見えることがあるが、これは厚い境界層だけが見えて、泡が見えないだけのことで、実際は膜に囲まれた泡になっているのである。〔「アブクの物理学」『新 物理の散歩道 第2集』ちくま学芸文庫、二〇〇九、所収〕

もう一つの例は水面を転がる水玉を扱ったエッセイ「水玉はどう縮む」〔『新装版 第五 物理の散歩道』所収〕である。水を張った茶碗に水道から水滴を落とすと、水玉が水面を転がるが、その水面を油のついた指で触ると、水玉は縮んで水面に吸い込まれてしまう。これでこの原因が表面張力だとわかった。

以上、思い出すままに、ロゲルギストの思考の特徴を書いてみた。しかし、仲間の会合では、精神(スピリット)などという気障(きざ)な言葉は使ったことはないことをお断りしておく。

二〇〇九年八月

近角聡信

（編集部注）本稿は二〇〇九〜二〇一〇年に岩波書店が刊行した『新装版 物理の散歩道』（全五冊）の「新装版の刊行にあたって」を再掲したものです。再掲に当たっては表題を改めました。文章中、本文庫に収録されているエッセイのタイトルを**太文字**にしています。その他のエッセイは『新装版 物理の散歩道』のほか、『新 物理の散歩道』（全五冊。中央公論社、のちちくま学芸文庫刊）に収録されているものです。

目　次

●ロゲルギストのメンバー

近角聡信（ちかずみそうしん　一九二二―二〇一六）ロゲルギストC。
東京大学名誉教授。専攻は磁性物理学

磯部　孝（いそべたかし　一九一四―二〇〇一）ロゲルギストI。
東京大学名誉教授。専攻は計測と制御

今井　功（いまいいさお　一九一四―二〇〇四）ロゲルギストI_2。
東京大学名誉教授。専攻は流体力学

近藤正夫（こんどうまさお　一九一一―二〇〇六）ロゲルギストK。
学習院大学名誉教授。専攻は計測物理

木下是雄（きのしたこれお　一九一七―二〇一四）ロゲルギストK_2。

学習院大学名誉教授。専攻は光学、応用物理

大川章哉（おおかわあきや　一九一八―一九八七）ロゲルギストO。
学習院大学名誉教授。専攻は結晶物理学

高橋秀俊（たかはしひでとし　一九一五―一九八五）ロゲルギストT。
東京大学名誉教授。専攻は電子工学、情報科学

＊エッセイの筆者名は「ロゲルギストX」のXに各自のイニシャルを代入して明記される。本文庫では各エッセイの末尾に表示している。

精選　物理の散歩道

つめこむ

つめる、つめこむ、充塡する——

いろいろな言い方があるが、どうもここで書きたい話には〈パックする〉という英語を借用するのが具合がよさそうだ。手許のポケット・オックスフォード・ディクショナリーによると、packの動詞のところには

Dispose in receptacle for transport or storage, do this with clothes &c. before journey (often *p. up*), arrange in least possible space; surround with wrappings or (Med.) wet sheets; fill (bag &c., space) with things;

などとある。以下の主題は、アンダーラインをした部分の意味、すなわち、輸送または貯蔵のために容器のなかに配列する、最小限の空間に整理してならべ

る、(袋その他、また空間を)もので充たすという意味での〈パッキング〉、〈つめこみ〉の問題である。

一

満員電車の話からはじめよう。「人間をパックするなどとは失礼な……」といわれそうだが、ちゃんと“the car was packed with passengers”という用例がある。混雑どきにかぎって考えれば、東京の電車は、できるだけ人をつめこんで走るための道具だ。発駅の駅員と乗客の関心はもっぱら如何にしてパックし、パックされるかに集中し、乗ったお客は刻々にアンパッキング——うまいことばが見つからないが、パッキングの反対。荷をほどいて中につめこんだものを取り出すこと——への不安な願望と努力を強める。パッキングとアンパッキングの流れはこういう人々の意志によってはじまるのだが、一旦群集の動きがはじまると、個人の志向とは無関係な物理的法則が大勢をきめてしまうようである。

写真(図1)は、大豆を人間に見立て、これに比例して縮めた国電(国鉄電車。現在の

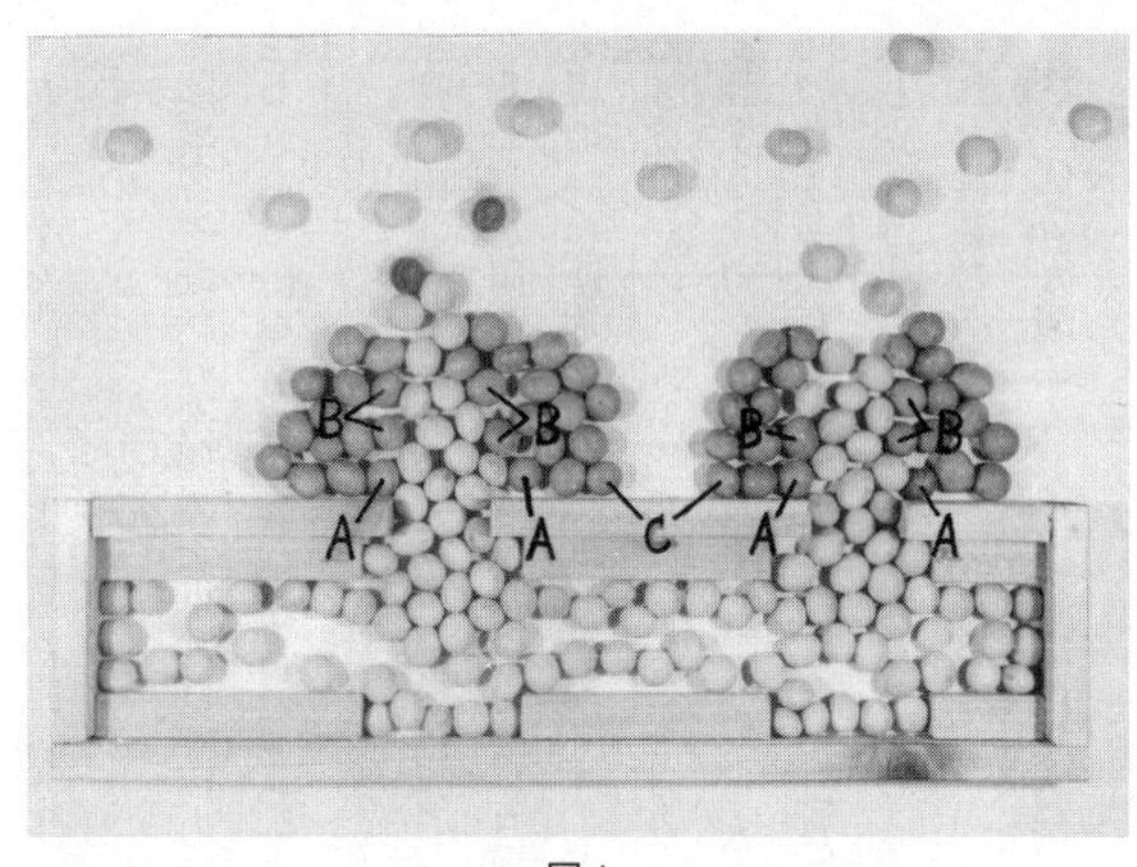

図1

ＪＲの電車のこと）の内外での大豆（人間）の流れ方を示したものだ。非常に適切な模型とはいえないが、ざっとした傾向を見るにはこれでも役に立つ。

国電のふつうの駅を考えてみよう。電車がはいってくると、ホームいっぱいに立っていた人々がいっせいに電車の方に歩み寄り、電車が止まりかけると、戸口をえらんで摺り足でその前にほぼ半円形に集まる。戸口と戸口の中間に位置してしまったために逆もどりして半円の後ろにつく人もあり、はじめから後方に位置してそこをねらう人もある。

戸がひらくと、もつれ合いながら乗客が押し出されてくる。東京の乗客は大体においてよく訓練されているから、ホームにいるお客は戸口の正面はあけるように努力するのだが、うんと混んでいるときにはそれがなかなかうまく行かず、押し出される降車客の流れの両側の乗車客は半円の群集を外に押しかえし、なかには、マゴマゴするうちに降車客の流れにまきこまれて遠くにもって行かれてしまう人もある。（図1。写真の黒豆は乗車しようとするお客だが、この数をもう少しふやして考えて頂きたい。）

押し出される人の流れは、戸口の少し外に出れば、ほぼ層流（きちんとした流れ）になるが、戸口を通るときはすさまじい乱流になることが多い。国電の戸口の幅は、中央線のいわゆる赤電車の場合一・三メートルなので、整然と出れば二人がならんで通るに充分、三人でも出られないことはないのだが、車内からはこの噴出口（オリフィス）をめざして変動する圧力がかかる。そのために、人の前後関係が複雑になるばかりでなく、横方向の動きも加わって、流れが完全に乱れるのである。観察の結果によると、一度に一人しか吐き出されないのがむしろふつうだ。ここでからだの向きをクルッと変えさせられた経験のある人も多いだろう。

冬、人々が着ぶくれると、この狭き門の通過は一段とむずかしくなる。おまけに、厚いオーバーの生地ははなはだ摩擦が多くて引っかかりやすく、また人のからだの動きのしなやかさを失わせるので、事態が一層悪化する。みんなが最近流行のナイロンのキルティングでも着るようになったら、戸口の押し合いはよほど緩和されるだろう。

二

乗客の方に話をもどそう。降車客が終りに近づき、その流れがほそくなるにしたがって、図1の黒豆の群集は、中央にあけていた〈歩廊〉に向かって押し寄せ、歩廊はせまくなって乗車態勢に移行する。歩廊の一番内側の人は、最後の降車客の抵抗で外向きに引きずられがちだから、最初に車にとびこむチャンスをもつのは、多くの場合、戸口の両側で車にくっついて立っている人、図のAである。もっとも、A氏は、黒豆の仲間から車体に向かって押しつけられ、その力が強ければ全然動けなくなる。最後の降車客が出て、黒豆の仲間の圧力がドッとかかってくる寸前に身をひるがえしてはいりこむのがA氏のコツのようだ。Aの位置に立つためには、もともとホームの前方、〈白線〉附近にいなければならず、それは、ボヤボヤしているとCに立たされて乗車のチャンスをのがす危険をふくんでいるから、A氏は、かなりに賭けの精神に富んだ、しかもからだの機能に自信のある人にちがいない。

さて、二人のA氏、ないし何人かのその同類が身をひるがえして乗車したあとで、パッキングの主流がはじまる。この流れは、戸口の正面の比較的幅のせまい帯状部——いままで〈歩廊〉になっていたのとほぼ同じ部分——の人がまず車中に流れこみ（したがって図1のBの人は最も確実に乗れる）、その帯状部に、後方と側面から人が補充されてゆくという形になることが多い。流れは中心線附近の動きが速いから、〈帯状部〉の後ろの方はへこみ（図2）、側面からこの流れに割りこむよりも、後ろにまわった方が早く乗れる場合が多いようだ。戸口でしぼられて乱流となったパッキングの流れは車内でひろがる。ここの擾乱ではじきとばされてとんでもない方向によろけこむ人もある。

これらの流れの様子は、タライの底に穴をあけた場合にかなり似ている。

流れの傍観者として狡猾な優越感を味わうことができるのは、戸口の内側の両方の隅に立つ、図2のX氏だ。ここには流れの圧力はかからない。流れのなかからこの特等席に割りこもうとする不心得者があると、X氏は彼をちょっと流れの方に押しもど

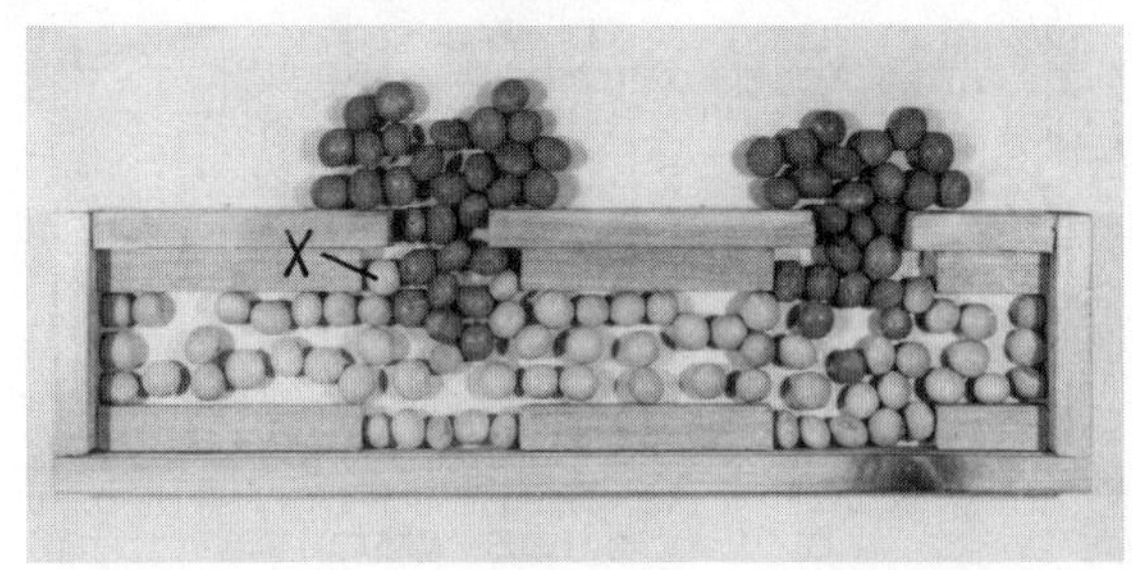

図2

してやる。彼は口をひんまげて憎々しげにこちらを振りかえりながら奥に押されて行ってしまうこと必定である。

ここで模型の母型とした電車では、X氏のためのコーナーが確保されている。しかし、電車によっては、座席の端と戸口との間隔が足らず、X氏のからだが半分戸口にはみ出してしまう場合もある。そうなると戸口は実質的にせまくなり、しかも人間は鋼鉄や木材より摩擦が大きいから、パッキングの能率はおおいに下がる。座席の端と戸口の端とを合わせてX氏のコーナーを完全になくすような設計もできようが、それは噴出口に厚みを与えることになるので、かえって流れの抵抗が増すかも知れない。車体設計者は、戸口の幅やX氏のコーナーの寸法を、どういう考えにもとづいてきめているのだろうか。

三

乗客の流れに近いものを豆の模型で再現する一つの方法は、電車の入口の前に浅い半円錐形のジョウゴか箕(み)のようなもの(図3a)を置いて豆を流しこむことだろう。

ホームの群集は戸口をめざして押し進む。豆は重力のために戸口に流れこもうとする。自力と他力の差はあるが、大勢は似たものだ。豆の流れやすさは、ジョウゴを傾けたり、さらに電車を取りつけた板全体を傾けたりすることによって、ある程度調節できる。このジョウゴは、ほんとうは、車体に沿った方向の坂がもっと長くなるような形につくるべきだろうし、写真のでは戸口の前で坂がなくなっているのもまずいが、ここでは最初の試作品で間に合わさせて頂く。

さて、この実験をしてみると、しばしば、図3b、3cのように、前があいているのに流れが止まってしまう場合にぶつかる。そもそも密集した豆が一様に前進してせまい入口にはいるというのは、原理的に起こり得ない事態である。図4の半円周上の豆が一様に中心に向かって進もうとすれば、豆がつぶれるか、戦線から脱落する豆が出る

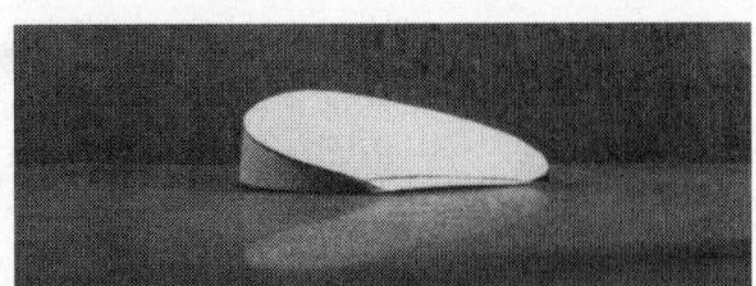
図 3a

図 3b

図 3c

か、どちらかにきまっている。図3b、3cはまさにこの理由によって実現するので、最前線の豆はギュッと押しあって、お互いの間にはたらく摩擦力と、車体に接した豆にはたらく車体の壁の抗力とが背後の力を支えてしまっているのである。

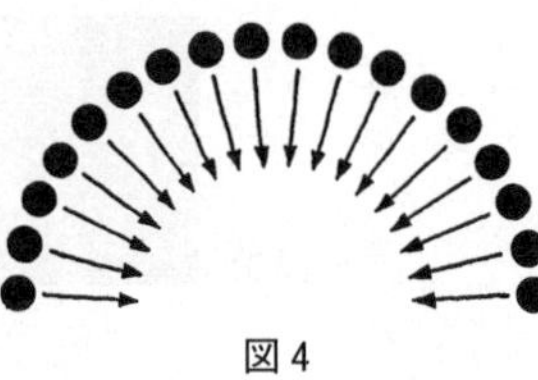

図4

実際の電車の入口でもよくこういうことが起こる。最前線の人たちは左右からの圧力で身動きできなくなるが、なんとかして一人が前にぬけ出すか、後ろに身を引くかすれば、パッキングの流れはまたドッと進み出す。それは、すきまができ、したがって小さなウズマキができて、流れが乱れるからだ。豆の実験でも、図3b、3cの最前線の豆をひとつ抜いてやれば、しばらくはザラザラと流入が続き、また前と同じように強固な前線ができて全部がひっかかる。

図2の話ではパッキングの流れをタライの底に穴をあけたときの水流にたとえたが、今の実験で見ると、人間の流れ(あるいは豆の流れ)は水の流れとは大分ちがうようだ。図3b、3cのような現象は水の流れでは決して起こらないので、粒体の流れに特徴的なものである。この種の流れの特徴をもう一つあげてみよう。

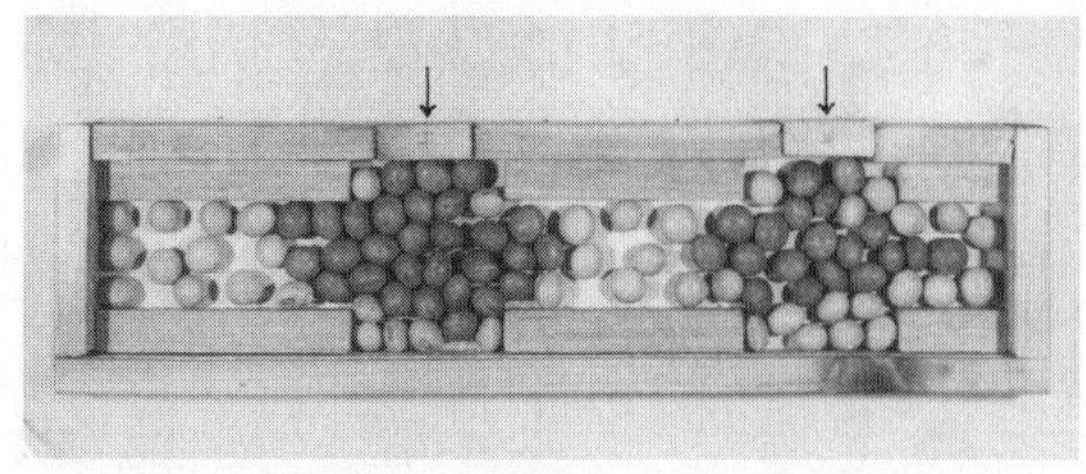

図5

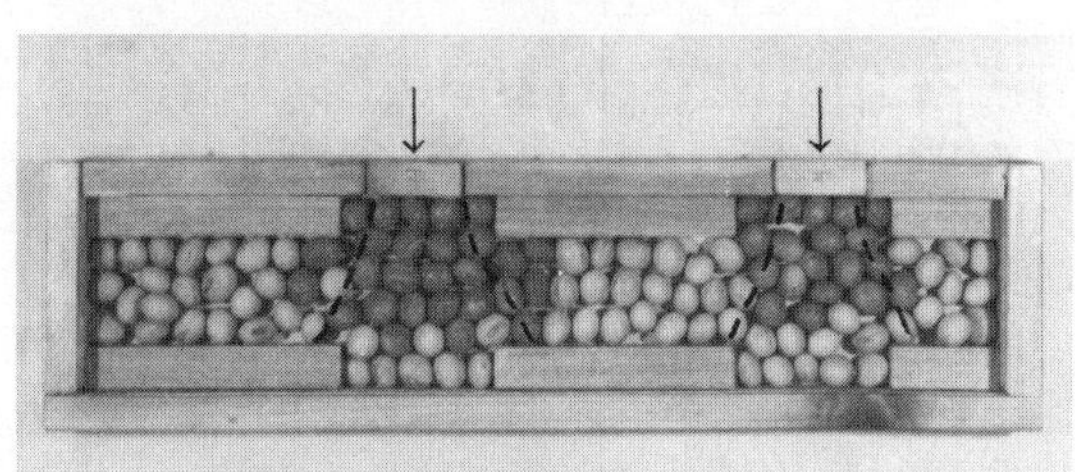

図6

豆の電車をかなりガラ空きにしておいて、戸口から豆を流しこみ、戸口附近だけをほぼ満員にして、戸口の外から板キレで押す。水、あるいは水飴のようなものなら当然戸口と戸口の間のすいているところにあふれだすはずだが、豆ではそうは問屋がおろさない。豆は横にはほとんどひろがって行かないのである(図5)。満員(満豆)電車で今と同じように戸口から押す実験をやって、豆粒のかすかな動きから圧力の及ぶ範囲を推定すると、図6(の破線)のようになる。

実際の電車で、戸口はギュー詰めで、駅員やアルバイトの学生があふれる乗車客を押しこんでいるときでも、戸口と戸口の中間部には圧力が及ばず、ラクラクとしていられるのは先刻御承知だろう。

もっとも、豆とちがって人間は歩けるから、戸口と戸口の間のラクなところにつめて行けるはずだが、パッキングの流れは、そういう非物理的(?)な行動に対して敵対的である。つまり、混んでいるときほど入口から車内に向いて加わる力が強く、図6の破線内の圧力が高まり、人と人との間の摩擦のために、この部分の人は横にぬけ出せなくなってしまうのである。そればかりでなく、人が自発的にすきまをえらんではいるようなやり方では、戸口附近のような非情なパッキングは実現できない。つまり、電車とホームの構造が現在の如くであるかぎり、乗車時にお客の一様充塡(ユニフォーム・パッキング)を望むことは物理的に不可能なのである。

さらに事態を悪化させるのはお客の心理だ。乗った人はたいてい自分の身を守るのがせいいっぱいで、乗りきれないでホームにいる同族のことまで心配する紳士淑女はすくない。また彼らの頭にはアンパッキングへの不安が根強く巣喰っているから、できれば戸口と戸口との中間にははいりたくない。

国鉄はこのお客の心理の矯正にははなはだ熱心なように見える。しかし、物理的な〈パッキング〉の問題としての混雑時乗降車対策の研究には、果たしてどれだけの努力をはらっているだろうか？

四

もっとも、一様充塡は粉体や粒体をあつかう技術者がいつも頭をなやます問題の一つで、そう手軽には解決できない。ただ茶筒に一様に砂を詰めようとするだけの最も単純な場合でも、解答は、必ずしも自明ではないのである。

杉浦一郎氏の研究によると、ほそい円筒に砂を一様充塡するには、まず底に穴のあいた充分背の高い筒Bに砂をいれたものを用意し、穴から流れだす砂を目的の円筒Aにそそぐ(図7)。そのとき、Bを徐々に吊り上げて行って、Bの流出口と円筒A内につもった砂の面との距離hをつねに一定に保つことが必要条件だという。ふとい円筒に一様充塡する場合には底にいくつかの穴をあけた大きな容器を使うのがよく、フルイを使う常識的な方法はあまりうまく行かないそうである。

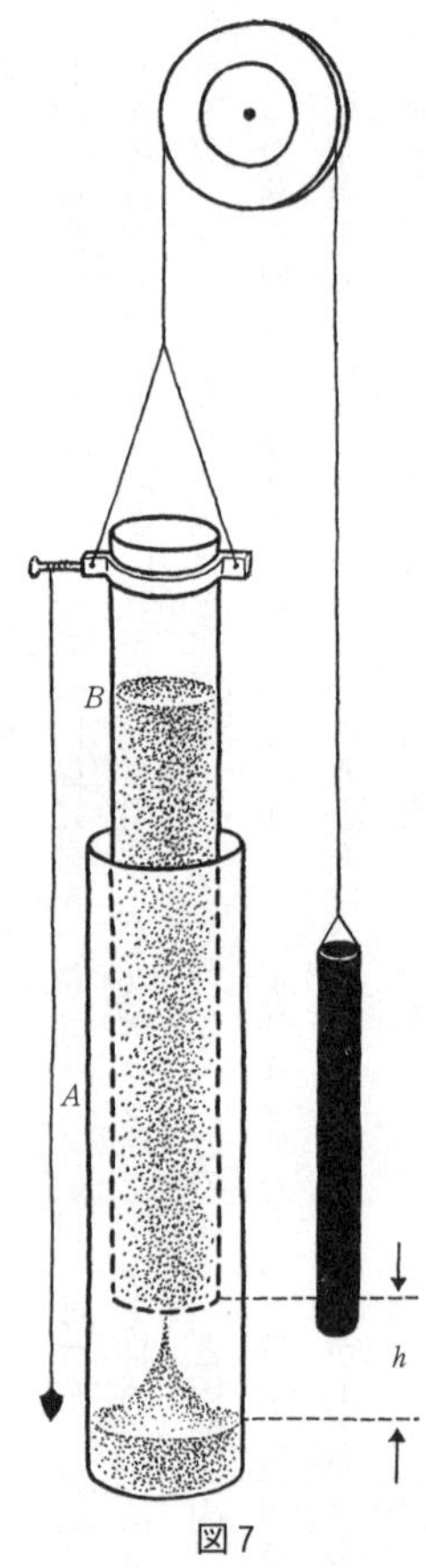

図7

いわれてみれば「なるほど」というまでのことだが、この結論に達するまでにはかなりの基礎実験が積み上げてある。私は、学生の頃にやったある実験で、数十センチ平方の面積に一センチメートルぐらいの厚さに一様に粉を撒くのにさんざん苦労したのをおもいだしながら、その報告を読んだ。

一様充塡の問題の複雑さを語るもう一つの例をあげてみよう。数年前に、友人の関係である製薬会社を見学に行き、いくつかの問題を相談され、三、四日考えたり、遊びがてらの実験をしたりしたことがある。その問題のなかに、錠剤の強さ(力学的な強さ)というのがあった。

錠剤をつくるには、まず原料の粉を混ぜて練り、それを、押し出し機から、練りハミガキの要領で、直径一〜二ミリメートルの棒状に押し出して、細断・乾燥する。これを顆粒というのだが、顆粒を打錠機で押しかためると、はじめて市販の錠剤ができあがるのである。なぜ顆粒という錠剤のコドモみたいなものをつくらなければうまく行かないかというのも面白い問題だが、今はその話にははいらない（実は私にもよくわからない）。

打錠機というのは、本質的な部分だけを取り出してみれば、小さな〈ウス〉に顆粒を入れて、〈キネ〉でつきかためる機械だ（図8）。この機械で〈打った〉錠剤の機械的な強さにムラが多く、また、フチカケといって円筒面と底面との境がポロッと欠けた不良品の出る率がすくなくないというのが、当時そこの現場で困っていた問題だった。錠剤は丈夫なばかりが能ではなく、ビンの出し入れや輸送ではこわれないが水に入れればサッと一様に崩れることが必要なので、むやみに押しかためるだけでは解決にならない。

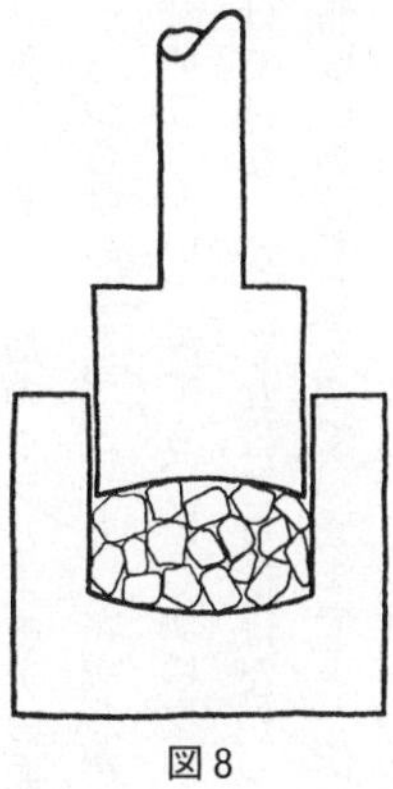
図8

さて、その錠剤のウラとオモテの面〈ウスに接していた面とキネに接していた面〉とをつらつら眺めると、どうもツヤがちがう。オモテの方がツヤがよく硬そうに見える。針でひっかいてみても、たしかにウラの面より硬い。私は、特に粉体の勉強をしたわけではないからそれほど自信はなかったが、「ははあ、キネからかかる圧力がウスの側壁に逃げてしまって、底までよく伝わらないんだな」といった。ところが眼の前の〈ガチャンコ〉と呼ばれる頑丈な打錠機では勇ましい音を立ててキネが顆粒をつきつぶしている。しかも錠剤の厚さは高々数ミリメートルだから、現場の人はどうしても私の言に承服しない。それで、錠剤や、顆粒や、そのほかいくつかの材料をもらって自分の実験室に帰ってきた。

私の想像が正しいとすれば、錠剤の断面をつくってみれば、オモテの面に近い方は粉がシッカリつまっており、ウラの面に近い方はゆるいにちがいない。そういう構造の差は、積雪の層状構造を調べるときの要領で、赤インキを吸わせてみればわかるだろう。——雪の場合には、断面をつくって、薄めた赤インキをジョウロでかければ、その浸み方の差で一目で層状構造がわかるのである。

実験の結果は予想どおり。オモテに近い方はあきらかに密充塡で、しかもその層は意外に薄く、ウラ面に近い方はまだ顆粒のカケラが認められることもあるくらいの疎充塡であった。そして、調べて行くうちに、キネにガタがあると、オモテ側の密充塡層が、一方は薄く一方は厚いクサビ状になり、それがフチカケの原因になるなどということもわかってきた。

私は、そういうデータをまとめると同時に、わかりやすいデモンストレーションを用意して会社に出かけた。それは、ガラス管の一端にチリ紙を貼って底をつくって錠剤の原料の粉を入れ、管径より少しほそい木の棒で粉の上から押して、底のチリ紙をやぶることができるか？という実験である(図9)。棒からの圧力は管壁に逃げ、チリ紙にはほとんど達しない。大の男がウンウンいって棒を押す様子はちょっと愉快だった。図10aに示したのは、電車の実験で使った大豆でこの実験を再現したところである。ガラス管の底はぬけていて、一枚のチリ紙が貼ってあるだけだが、よく五キログラムのおもりを支えている。同図bはチリ紙を貼った底の部分を示す。

もっとも、一様充塡にならない理由がわかったからといって、すぐ一様充塡ができるようになるわけではない。たとえばオモテとウラと両方からキネで押す機械をつくるのはずいぶん難しい。また、圧力分布はキネの速度や端面の形によって変わるだろ

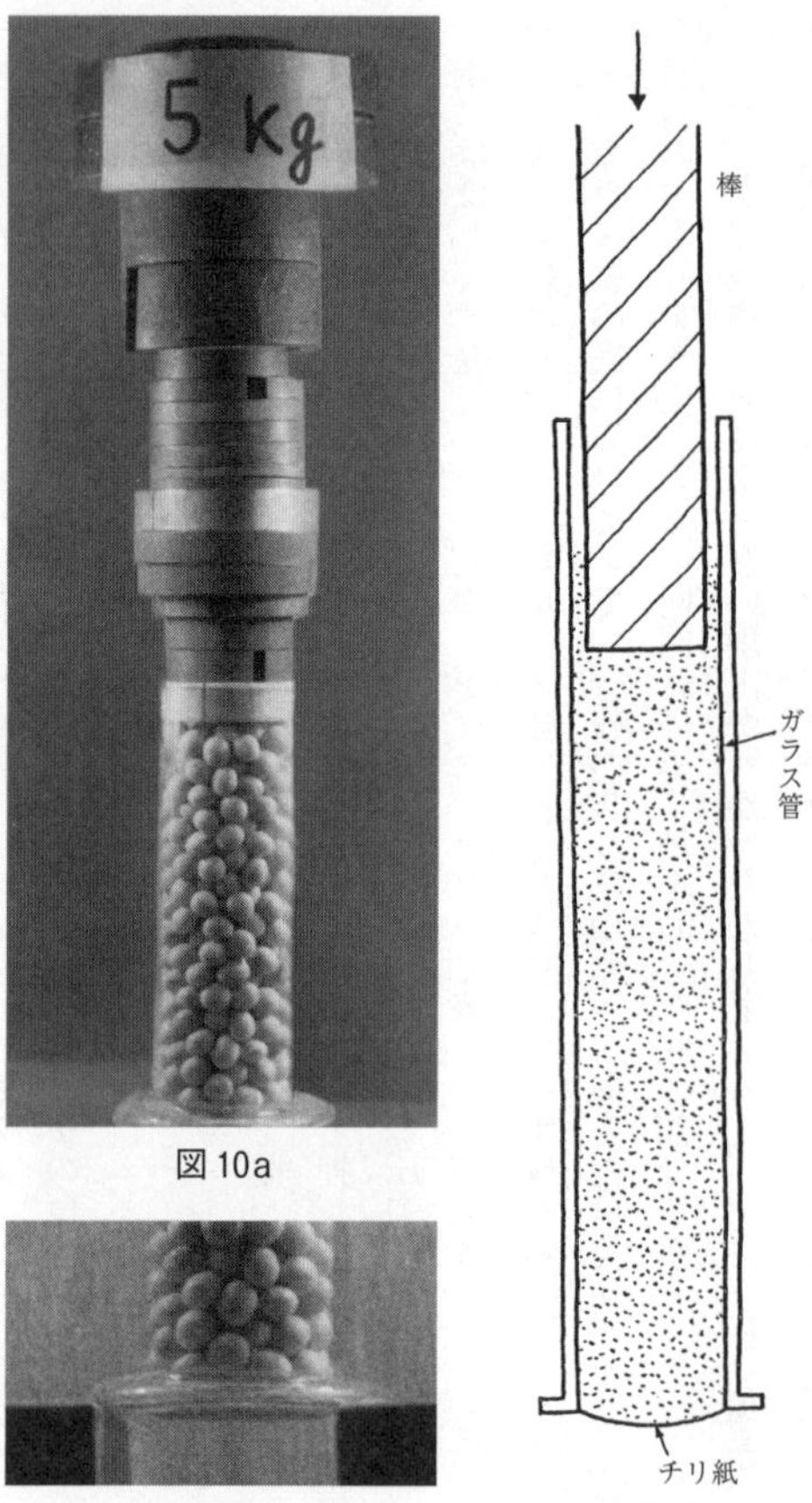

図 10a

図 10b

図 9

う。この話はまだ先が長いのである。

五

賢明な読者は、すでに、錠剤の問題と電車の戸口の問題との関連を看破されたことだろう。

錠剤の問題がすでにこの程度に複雑である以上、めんどうな形の容器に勝手な自主性をもった人間を一様充塡しようという電車の問題が一筋縄では解決できぬのはむしろ当然といえよう。

もっとも、電車の場合には、電車が動きだすと同時にこの難題がある程度自然に解決されてしまう。どうにかドアがしまり、電車が走りだすと、ふしぎなことに、ぎっしりパックされていた人達のあいだに多少のゆるみができ、一様充塡の状態に近づくのである。摩擦のために変にひっかかり、押し合っていた人達が、電車の振動の影響で、最も安定な分布に落ちつくのだろう。ラジオ勉強の話(「《ラジオ勉強》考」『新装版物理の散歩道』所収〕に書いた〈交流バイアス〉の功徳だ。

私は、あるとき、こういう場面に際会して、「なるほど、金属やガラスの焼きなまし(アンニーリング)というのはこんなものなんだな」とさとったことがある。焼きなましのために材料の温度を上げるのは、原子の振動を盛んにすることにほかならない。適当に温度を上げ(振動を与え)て長時間放置すれば、原子は(車内の乗客は)あるべき位置に落ちつき、内部応力はなくなるのである。

(ロゲルギスト K_2)

後　記

これを書いたのは去年だが、こんどの冬には、ここに書いたような混雑どき用のオーバーがラッシュ・コートとかいう名前で売り出された。同じようなことを考える人がいたと見える。(一九六二年四月)

洋服は二着交替に着た方がいいか

ロゲルギストの仲間は毎月一回放談をたのしむ。以下は、先日の集まりでの、定連にY嬢が加わった会話の一コマである。

一

O　洋服を二着交替に着るとよく**もつ**というね。あれは、ハンガーにかけて休ませておくうちに、着ているあいだに変形したセンイの形が回復するからだろうか？　つまり弾性余効……。

T　靴もそういうね。革の場合には、一本一本のセンイの伸びの問題じゃなくて、センイが交叉して組みあわさっているのが、はいている間に、無理な力が加わるので部分的にずれるんじゃないか。

I　繰り返し応力による疲労もあるだろう。

Y　おもしろそうなお話ですけど、〈弾性ヨコー〉とか、〈繰り返し応力による疲労〉とか、何だかむずかしい言葉がいっぱい出てきて困っちゃいますね。どういうことなんですか?

O　弾性余効というのはね、ゴムみたいなものを引っ張って、手をはなすと、もとの長さに戻るでしょう。しかし、厳密にいうと、瞬間的にもとに戻るわけではなくて時間がかかる。そういうことなんです。ものによっては、弾性変形させたのがもとに戻るのに相当時間がかかるばあいがある。

K　Yさん、このあいだ新聞に〈ゴルファーの肋骨をレントゲンで調べると、御本人は知らないのにヒビがはいっているのが見つかることがある〉という話が出ていただろう。あれが〈繰り返し応力による疲労〉の例だ。材料にある力をかけてもまいらない場合でも、同じ力を続けて何千回、何万回とくりかえしてかけるとまいってしまうことがあるんだ。

C　ところでね、ほんとうかな。その、交替に着たりはいたりする方が**もつ**というのは？

K_2　そりゃあ経験的に事実だよ。

O　いかにももっともらしいじゃないか。

C　しかし世の中には〈もっともらしい〉迷信が多いからね。

だいたい一足の靴をはきつぶすのに二年はかかるだろう。二足交替にはく方が**もつ**ことを証明するには、まず一足でどれだけもつかを調べて、次に二足買って交替にはいて、その二足が一足のときの寿命の倍以上もつかどうかをみなければならない。少なくとも六年はかかりそうだ。そのあいだには道路も変わるし、その人の忙しさも変わるだろう。たいへんな実験だ。誰かちゃんと証明したのかしら？

Y　それは家政学の専門家がやっているはずですわ。

C　**はず**はあやしいな。何かうまい実験法があるかしら？

K_2　レーリー卿（二代目の方）がね、ガラスの棒を両端で支えて水平にして、まんなかにオモリをぶらさげてたわませて、七年間ほっといてオモリをはずしたら、ちゃんともとに戻った……。

I　その話は僕も知っている。

K₂　あの実験も、もとはガラス棒を立てかけておくと曲がり癖がつくという〈迷信〉に対する挑戦なんだ。

I　昔の人は気が長いからね。

O　今ならすぐ温度を上げて実験したりしたがる……。

T　気が長くたって何だって、とにかくちゃんと見通しがなければできないマネだな。

K₂　靴や洋服の場合は、何年もかかって実用試験をしないでも、疲労試験機にかければいいんだろう。布や革をくりかえして曲げたり伸ばしたりする。続けて材料がまいるまでやってみて、休み休みやるのとくらべればいい。

C　よさそうだね。時間のスケールに問題があるが、とにかく定性的にはそれで答が出そうだ。

K　問題の本質はむしろ時間のスケールにあるんじゃないか?

K₂　そうか。ぼくらの生活だと、靴や洋服は〈続けて着る〉場合でも毎日十何時間かは休むわけだ。それではセンイの状態がもとにもどらない、ところが、ふつう信じられているところによると、数十時間(一日休ませたとして約四〇時間)おけば回復する。

それが問題だというんだね。

しかし、十数時間とか数十時間とか休ませるとしても、とにかくうんと応力を加えれば試験期間をちぢめることはできるだろう。

O　回復の緩和時間が求まると面白いね。

Y　〈カンワジカン〉ってのは何ですか。

I　ちょっとむずかしいな。今の場合だと、着続けた洋服のセンイは伸びている――んでしょう。それを休ませると、伸びていたのがゆっくり回復してくる。こういう回復はたいてい時間 t に対して指数函数的に起こる。式で書くと、伸びを Δl とするとき

$$\Delta l = B_2 + (B_1 - B_2)e^{-t/\tau}.$$

B_2 はいくら時間がたっても残る変形をあらわす。つまり伸びっ切りになる部分です。もし B_2 がゼロなら、充分時間がたつと $\Delta l = 0$ になって完全にもとに戻るわけだ。この τ のことを緩和時間というんです。

Y　ますますわからなくなっちゃった。

O　絵でかくとね、横軸に時間、縦軸に伸びをとると図1のようになるんです。力を取り除いてからτだけたつと、回復できる部分の伸び(B_1-B_2)は大体三分の二だけ回復することになる。永久変形が起こるほど伸ばしてしまった場合には、B_2だけの伸びはいつまでたっても残っている。変形が小さい場合にはB_2はゼロと見ていいから、τだけたつともともとの伸びの三分の二が回復してしまうわけです。このτが、変形の回復にどれぐらい時間がかかるかの目安になる。

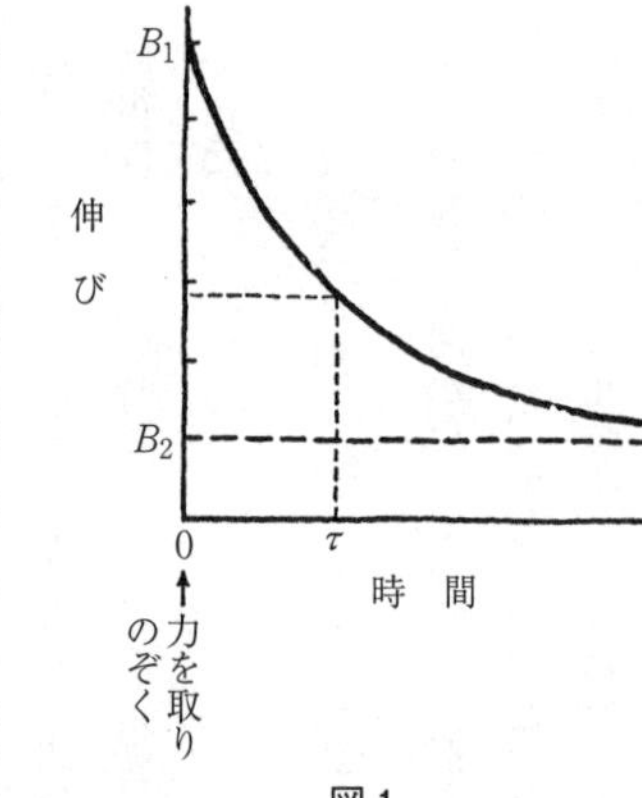

図1

二

K　靴の場合は、弾性余効とか、繰り返し応力による疲労とか以外に、はいていると湿るという要素があるだろう。水にぬれたのと似た状態になって悪い……。

C　湿るから悪いというのなら、実験しなくてもうなずける。

Y　あら……なぜでしょう？

K₂　ぬれるとセンイとセンイの間がすべりやすくなって、変形するときセンイ同士の引っかかりがはずれてしまうんだろうな。

O　少々あやしいね。それはともかく、いったい、はいているだけで、水にぬれたのとくらべるほど、湿るかしら？

K₂　測ってみようか、そっちはすぐ実験できる。

Y　私、やってみましょうか。

I　革はぬれると困るんだが、革に代わる靴材料はないのかね？

T　さあ、なかなかあれだけ強いものはないだろう。

I　強さという意味がむずかしい。たとえば引っ張りに対する強さだけなら革よりいいものがいくらもあるが……。

Y　洋服の材料ではあんなに化センがのしてきたのに……。

K₂　洋服のときもそうなんだが、強度とか熱伝導率とかは一応解決できても、透湿性の問題で困るんだ。被服材料というのは風を防ぐ——防風性がだいじな要素だろう。ところが、同時に透湿性が要求される。一方では気体が通るのをさまたげよう、一方では通そうという無理な要求があるわけだ。

しかし、風を防ぐのはカタマリとしての気体の運動をさまたげることだし、透湿性の方はカタマリとしての運動はない〈拡散〉の問題だと考えてみると、ある程度解決の道がありそうだ。風を通さず水蒸気を通すために一番いい孔のあけ方——孔の大きさと分布密度の最適値があるにちがいない。

I それをちゃんと調べたデータがある？

K_2 知らないね。とにかく、しかし孔だけではダメらしい。木綿や革のようにセンイ自身が水を吸わないとね……。

C それはどういうわけ？

K_2 要するにセンイの間のすきまだけでは水蒸気が通る面積が足りないんだろう、水がセンイそのものを通って出て行けないと……。ナイロンなんか、顕微鏡で見るとまるでノッペラボーの丸い棒で、あれじゃあ水ははいって行けない。

T 天然のセンイは複雑な構造だからね。

C センイの中の割れ目や孔が問題なのなら、うんとほそいセンイをより合わせた糸を使えばいいだろう。

T ナイロンみたいにセンイが長くてはダメだ、短く切れていなくちゃ。第一そんなほそいのは扱いにくくて……。

K₂ ナイロンなんかずいぶんほそいんだから、あれよりほそくというと、ミクロン（千分の一ミリメートル）の桁になってしまう。フワフワ浮いて、つかまえるだけでも大変だ。

K いっぱいツノの生えたセンイをより合わせればいいわけだね。

I ツノはむずかしいが、それに似たこころみはある。

T 材料自身の親水性というか、水との接触角というか、そういうものも問題だ。〔図2〕

O そう、それが問題だ。

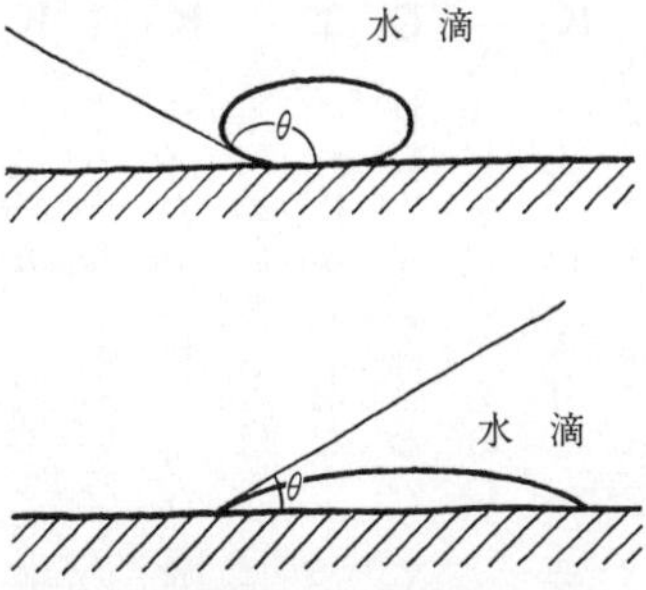

図2　固体表面に水滴がのって静止するとき，図の角 θ を接触角という．疎水性の表面では θ が大きく〔上〕，親水性のものほど θ が小さい〔下〕．$\theta=0$ だと水はどんどんひろがって表面全体を一様にぬらしてしまう．

K_2　ところが、ナイロンは接触角ゼロだ。

T　そうかね。ああいうものはみな水と仲がわるいと思っていたが……。

K_2　ナイロンにはほとんど水がしみこまない——そういう意味で水と仲がわるいけれども、ぬれることは完全にぬれる。

T　それはふしぎだな……。

O　材料の〈親水性〉といってるものと、その中の孔とか、割れ目とかのケジメがはっきりしない点があるね。

K_2　うん、はっきりしない要素がある。しかし、親水性のなかには、化学的にはっきり説明できる部分もある。今のTさんのはそっちだろう。

三

K_2　ちょっと話が変わるけれど、日本のはきものは、ゾウリとかゲタとか、指ではさむ。ところが、靴は足をそっくり入れてしまうイレモノだ。そこに日本人とヨーロッパ人種との根本的な考え方のちがいが現われていると思うんだが……。

O　どういう意味かね？

K_2　ゾウリやワラジなら、足の先を親指の方と子指の方と少なくとも左右二つに分けて使える。その効果は道のわるいところを歩いてみればすぐわかる。

K　なるほど。

K_2　これは高級な、技術的な足の使い方だ。ところが、靴なんてのは箱みたいなもので、足は動く部分のないエレメントになってしまう。

C　動く部分がないというのはおかしい。指のつけ根で曲がるだろう。

K_2　そうだ、今のは失言。だから、靴の底革は反（そ）っている。

しかし、靴はタテ方向の曲げしか許さないのだから、ゾウリにくらべれば足の動きの自由度はずっと少ない。靴をはいたときの足の使い方はそれだけ低級で、単能的だ。

靴とくらべたときのワラジやゾウリのように、人間の機能を最大限に生かす——逆にいえば、人間自身の機能を要求する——道具の使い方が日本文化の特徴なんじゃないか。箸とスプーン、フォークがそうだ。魚をむしったりなんか箸の方がずっと高級なマネができるが、スプーンなら二つのこどもでも使える。

K なるほど、そういえばボートのオールと和船の櫓もそうかも知れないな。オールの考え方は直線的に明快だ。しかし櫓の方が、ならうのはむずかしいけれど、疲れも少ないし、舟の操縦性もいい。

T 実験だってそうだよ。日本人は、デリケートで使うのがむずかしくても、とにかく最高の機能を発揮できる装置でないと承知しない。ところが、むこうの連中は簡単でバカバカしく頑丈な装置が好きだ。

O 靴とワラジの差は気候と材料からくるんじゃないのか。ヨーロッパは寒いし、日本は建築でもなんでも元来熱帯系だ。ヨーロッパは放牧からはじまったし、日本は農業国でワラやなんかが豊富にある。ワラを使うのなら、靴をつくるよりゾウリの方が自然……。

K_2 ヨーロッパは放牧から農業に進んだのだろうが、いったい日本ははじめから農業国だったのだろうか?

ここで行きづまって、話は方向転換してしまった。

四

〈放談〉に少し具体的なイメージを与えるために、このあとで、Y嬢がこころみた一週間の実験を紹介する。

実験一

主題　革の靴は、はいている間に、どれぐらい皮膚からの水分を吸収するか。

方法　毎日九時から一六時まで試験用の靴をはく。その前後に目方を測ってみる。靴は男ものに近い形の革の短靴、古いもの。ソックスの上にはく。しめきった室内。一五〜二〇度ぐらい。主として机に向かっている軽作業。(Y嬢は汗かきの質(たち)ではない。)

結果　右の靴は三一五グラム内外、左の靴は三〇三グラム内外で、測るたびに一グラム程度の不規則な変動がある。しかし、はいている間に水分を吸って目方がふえるという一定した傾向はみとめられない。

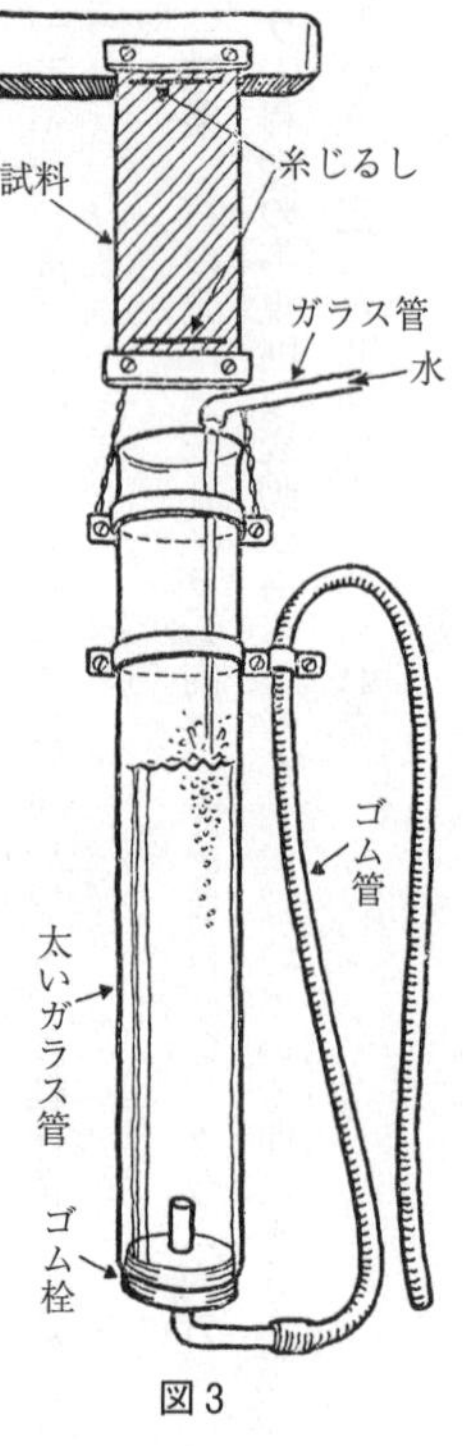

図3

実験二

主題　布の伸びの回復は、一晩おくのと二晩おくのとでどれくらい違うか。

方法　幅五〇ミリの純毛フラノ生地(新品、厚さ〇・五ミリ)に図3のような荷重装置をぶらさげ、上・下端の糸じるしのあいだの長さ(三カ所で測って平均する)の変化を調べる。

図の太いガラス管の上から水道の水をほそく流し放しにしておく。管内の水位がゴム管の頂部に達すると、サイフォンの作用で水はゴム管を通って急激に流出し、ガラス管の底に達すると流出がやんで、また溜まりはじめる。

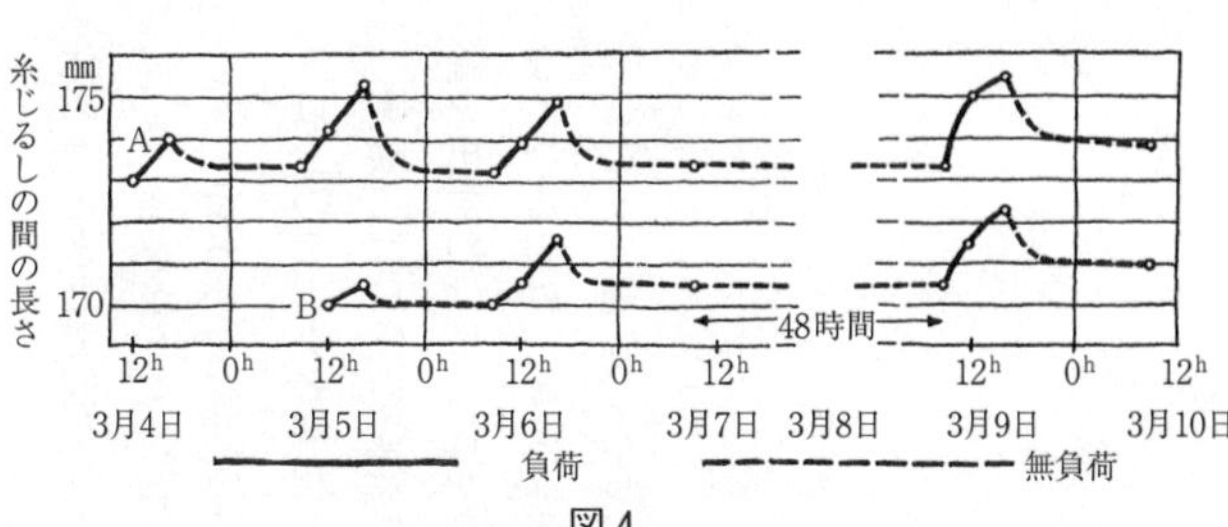

図4

装置をA、B二組つくり、おのおのに同じ布から切り出した試料（糸じるしの間の最初の長さ・Aは一七三・〇ミリ、Bのは一七〇・〇ミリ）をとりつけ、上記の方法によって、図4の実線曲線で示した時間だけ繰り返し荷重をかけた。Aでは満水したときの荷重五六〇グラム、放水し終わったときの荷重三六〇グラム、周期二分。Bでは満水のときの荷重六七〇グラム、放水し終わったときの荷重三〇〇グラム、周期五分。

一六時から翌朝九時まで（三月六日一六時からは翌々朝九時まで）は、試料を、装置から取りはずして、無負荷の状態におく。

長さは、いつも、放水を終わった装置をぶらさげた状態で測定した。

結果　図4のとおり。* 一七時間休めたときと

17＋48＝65時間

休めたときとで回復量の差はみとめ難い。

＊　伸びがもどって行く様子をざっと追跡してみたら、緩和時間一・五時間内外らしいことがわかった。図4の破線はそれによって描いたもの。

以上のデータの解釈とその後の発展、展開は読者におまかせする。

実験二はC氏の〈迷信〉説を支持するようだが、もちろんこんな簡単な実験ですぐ結論を出すわけには行かない。何日かハンガーにぶらさげておくあいだに洋服のシワがなくなるのは、確実な事実である。

ここまで勉強したら、そろそろ専門家に伺いを立ててもいいかと思っている。

（ロゲルギストK_2）

「イトー」「ロジョーホコー」「ハーモニカ」

一　電信符号の解読

電信用の符号の「・――」「・――・――」などは「トツー」「トツートツー」……のように口ずさむ。「・――」は「イ」、「・――・――」は「ロ」、「――・・・」は「ハ」というう具合にそれぞれ一つの音標文字、あるいは数字、記号等に対応させて通信するのである。この符号と文字との一対一の対応は、人間のつくった規約である。この規約を書いたものは辞引の一種であり、「・――」は何かと引いてみると「イ」と書いてあるので、はじめて「イ」だとわかるのである。習い初めの時期では、耳で聞いた「トツー」を「・――」の形に直して、さて「・――」は如何と辞引――対応表――を探さねばならぬ。すこし進んでくれば、記憶のなかで「・——」の対応文字を探しだす。馴れてくると「トツー」と聞けばただちに「イ」とわかるようになる。しかしこの場合どんなにはやくなっても、頭の中での辞引のひき方がはやくなっただけであり、この対応表をひく操作が、信号聞き取りの機能のうちに含まれているものだと考えられる。

二　信号が言葉としてきこえる

ところがここに合調音語（ごうちょうおんご）という面白い試みがある。おのおのの電信符号の要素である長音、短音の配列と同様な長音、短音の配列をもつ言葉で、しかも最初の音が、その電信符号が表わす文字の音であるような言葉を、おのおのの電信符号に対してこしらえておく。たとえば、

「・——」に対しては「イトー」(伊東あるいは伊藤)

「・——・——」には「ロジョーホコー」(路上歩行)

「——・・・」には「ハーモニカ」

というふうに。

前のように「・──」を「イ」とおぼえる代わりに、「トツー」を「・── イトー」と口ずさむ。「ツートトト」を「──・・・ ハーモニカ」と口ずさむ。信号の長音短音の節度にあわせて声をだして「イトー」「ロジョーホコー」「ハーモニカ」としばらく練習していると、これは不思議!! スピーカーから「トツー」という音が出て来ると「イトー」と聞こえるようになってしまう。同じように「トツートツー」「ツートトト」という信号音は「路上歩行」「ハーモニカ」と聞こえてしまうようになる。聞こえた言葉が「伊東」なら、その最初の音だけをとって「イ」と書けば、その信号を聞き取ったことになる。

筆者の電信兵としての生活は、健康の故をもって一カ月足らずで打ち切られたが、その短期間中、初年兵として入隊当初の一般行事の多々ある中で、合調音語の訓練に使われた実質の時間はきわめて限られた短いものであったにもかかわらず、娑婆に出てしばらくの間は汽車の汽笛が「ピピー」となるのが「イトー」(伊東)と聞こえてならなかった。これは全く思いがけない面白い実験であった。

三　合調音語の御利益(ごりやく)

「伊東」と聞こえるから「イ」、「路上歩行」といっているから「ロ」、「ハーモニカ」だから「ハ」と書きとる。これでは言葉を聞いているのとちっとも変わらない。全然努力なしに、自然にそう**聞こえてしまう**のである。ここでは、前にのべたような意識的な記憶にたよることは不要となるのである。

実際、合調音語で育った人と、「トツー」「トツートツー」……で訓練された人とを比較すると、前者の方がずっとはやい送受信をすることが出来るということだ。これはいくらはやい人でも、後者では辞引をひく要素的な操作が介在するためであろう。

四　合調音語の不思議

「トツー」は「伊東」に、「トツートツー」は「路上歩行」と聞こえてしまうのが合調音語というものだ。だが「・――・――」の場合、最初の「・――……」で、どうして「伊東……」と聞こえないか？　「・――・――」がどうして「伊東伊東」と聞こえないで、最初から「路上歩行」と聞こえてしまうのだろうか？　また逆に、「トツー」と音が出たとき、どうして「路上」と聞こえないのか？

「――・・」は「ホーコク」(報告)であり、「――・・・」は「ハーモニカ」である。――・・までは全く同一の信号であるのにもかかわらず、前者は最初から「報告」に聞こえ、後者は最初から「ハーモニカ」に聞こえてしまうのである。「――・・」はどうしても「――・・　ハーモニ」とは聞こえないのである。

これに対する一つの解釈は、「伊東」の「・――」と「路上歩行」の最初の「・――……」では、短音、休止時間、長音の長さに幾分かの相違があるのではあるまいか。合調音語の「伊東」という調子と、「路上……」の調子との間にはわずかながらも相違があって、そのちがいによって区別されるのではなかろうか。このことの裏付けとしては、ちがう合調音語で訓練された二人の間で通信すると、誤りが非常に多いという事実をあげることができよう。

その昔、陸軍と海軍の合調音語の中にはいくつか違っているものがあったが、異部隊間では同一部隊間よりも誤通信が目立って多いという。異なる合調音語とは、たとえば「―――・―――　―――」に対して「アーユートコーユー」（あー言うーとこうー言うー）と「アーケードツーコー」（アーケード通行）の二通りあるといった類である。

もう一つの解釈は、一つの符号として時間的に完結するまでは、どの合調音語がその符号にあてはまるかの判断は下されていないのだとみるのである。時の経過にしたがって、信号が流れ出てくるのだが、流れ出る要素的な短音、長音にただちに合調音語の要素が対応されるのではなく、一符号として完結したときにはじめて適当な一つの合調音語が対応されるとするのである。これら二つの解釈は、おそらくともにある程度あたっているであろう。さてここで合調音語からちょっとはずれて道草を食うことにしよう。

五　「コケコッコー」と「cock-a-doodle-doo（コッカードゥードルドゥー）」

雄鶏（おんどり）が鳴く。日本では「コケコッコー」、西洋では「cock-a-doodle-doo」だそうだ。日本の犬は「ワンワン」、西洋では「bow-wow（バウウァウ）」、猫は「ニャーニャー」と「mew-mew（ミューミュー）」、日本人の笑い方は「アッハッハ」、西洋人は「haha（ハハ）」。

しかし西洋の鶏と日本の鶏とは、まさか鳴き方が違うのではないだろう。しらべたかったらオッシログラフでも、ソナグラフでもとってみたらよいだろう。同一のものを聞いても、あとからそれを口で真似てみようとすると、日本人は「コケコッコー」、西洋人は「cock-a-doodle-doo」となってしまう。いや真似る前にそう**聞こえてしまう**のだ。これはきわめて注目すべきことである。

もし鶏の鳴き声をいままでに一度も聞いたことがなく、また「コケコッコー」と鳴くのだと誰からも教えられたことのない人は、はじめて耳にする鶏の鳴き声を、果たしてどう聞くであろうか？　果たしてどんな風に真似るであろうか？　真似るということは、再現することである。恐らく一度や二度聞いたくらいではむずかしくて、到底真似ること、再現することなどできないであろう。

この辺の事情を理解するには、どうしても人間の外部からの刺激の受け入れ方の構造を考えてみなければならない。鶏の鳴き声はそれ自身とても複雑なものであり、それを一度聞いたからといって、テープレコーダーのように全部の音、高低長短等を記憶することはむずかしい。しかしあらかじめ「コケコッコー」という一つの枠を教えられ、その枠をもって鳴き声を聞くと、かなりよくこの枠と一致するように思われる。

いく度か聞いているうちに、この枠からはずれる部分は、全然意識にのぼらないようになってしまい、枠にあたったところだけが意識されるようになる。その状態で鶏の鳴き声を真似てみようとすると、「コケコッコー」以外には考えられなくなってしまう。西洋人は幼少のときから「cock-a-doodle-doo」で教えられているので、それ以外には聞こえなくなってしまう。

六　枠が抽象する

人間が外部からの刺激を意識し、かつそれを再現(真似)できるのは、あらかじめ人間の側に用意された枠があるからである。その枠にあてはまったものは、すくい上げられるからこそ再現できるのであって、枠の形に合わないものや枠の間をぬけてしまうものは、素通りしてしまう。すなわち、後者は意識にのぼらず、したがって真似もできないということになる。

日本人は「コケコッコー」という枠をもち、西洋人は「cock-a-doodle-doo」という枠をもっている。しかし鶏の鳴き声はこの二つの枠よりも、もっともっと多くの情報要素をもっているのである。つまり鶏の声を人間の側にある枠で抽象したわけである（抽象することは他の部分を捨象することと全く同一の作用である）。つまり日本人と西洋人とでは枠の形がちがうのである。

鶏の鳴き声を理想的なテープレコーダーで再生したものと、その特徴をとらえたと思われる「コケコッコー」、あるいは「cock-a-doodle-doo」との関係は、人の顔を写真で撮ったものと、似顔絵で描いたものとの関係にも比すべきものであろう。

七　量子化とひき入れ作用

いま「ア」「エ」「イ」「オ」「ウ」という母音を、途中で息をきらないで連続的に「アーエーイーオーウー」と発音したとしよう。つまり一字一字を区切って発音するのでなく、一つからつぎへ徐々に口の形を連続的に変えながら発音するのである。この連続的に移り変わる音声は、一体どんな風に聞こえるだろうか？　もちろん最初は「アー」と聞こえているが、だんだん「ア」からはずれて行き、しばらくすると「エ」に聞こえる。物理的に連続的に変化している音を、ここからここまでの範囲を

「ア」、ここからこの辺までを「エ」という風に聞く。これは聞き手の側に「ア」という枠、「エ」という枠が備えられていて、どうにかこの枠にひき入れられる音は「ア」と聞き、同様に「エ」と聞く。枠にきちんと合う音は明瞭度が非常によいが、この枠にひき入れるのにやっとである音はきわめて悪い明瞭度しかもってないと思われる。

しかし、これは無理ながらもなんとかおのおの枠におさまる場合である。「ア」から「エ」へ移り変わる途中の音だけをぬき取って聞かせた場合、これを「ア」と聞く人も「エ」と聞く人もいるだろうし、あるいは全然わからないという人もあろう。(どちらとも決めかねるという場合が「ロバはなぜ死んだ」(ビュリダンのロバ)に相当する。)これは聞く人のもっている枠の形に、すこしのちがいがあることによるのだろう。どちらかに聞こえる場合でも、その明瞭度はきわめて悪いことは確かである。最も明瞭な発音をしなければならないのが、アナウンサーという職業である。

物理的に連続的なひろがりをもつ量、しかも一次元と限ったことはなく、何次元もっていてもよい連続体を有限個数に分割して、そのおのおのに対応させて一つずつの枠をつくること、これが言語の基礎音(要素音)である。日本語は母音子音、濁音半濁音で約七〇個の基礎音をもっているわけである。無限の可能な音をこれだけに量子化しているのである。しかも、ひとたびこの枠が確立されたとなると、この枠にあてはまらないものは無意味なものとして、実際にはたくさんあるのだが、捨て去ってしまっている。これが枠というものである。

　ある地方の人には「イ」という枠と「エ」という枠が区別されていなくて、ただ一つの枠になっている。標準語をあたりまえに話す人々は、この「イ」と「エ」の混同が全くおかしく思えるが、その日本人のうちで、西洋人のしゃべる言葉のなかにはいってくる「r（アール）」と「l（エル）」が、全く別のものに自然に聞きとれる人は案外少ないのではあるまいか。つまり多くの日本人は「r」と「l」に対して、一つしか枠をもっていないということになる。

　無限の可能性のある音を、いくつかに分類したもの（量子化したもの）に対応して枠があるといってもよいし、枠があるから無限の可能性のある音が、その枠の数だけに量子化されるといってもよい。後者のいい方は素材となる音を分類して、どれかの枠にひきあわせる、あるいはどれかの枠にひき入れる作用のあることをも意味しているのである。

　以上のべたことは、一つだけの音声の聞き方についてであるが、同様なことが、音をいくつかつなげたひとかたまり(その最も代表的なものは言葉とか、「コケコッコー」などであるが)、にについてもいえるのである。前節ではひとまず特徴の抽象とか、捨象とかいう言葉をつかっておいたが、枠の機能というものは、数多くあるもののうちから、いくつかをひろい上げ、他を捨て去ることばかりでなく、その枠の形に近いものは、その枠に同化してしまう。あるいはひき入れてしまうというような作用もあるのである。つまり枠はその枠によって外部からの刺激を量子化すると同時に、ひき入れ作用も行うと考えてよいであろう。

音質のよほど悪い電話でも、あらかじめ知っている人の名前ならわかるという事実は、枠のひき入れ作用の一つの例であろう。これに対して、知らない人のめずらしい名前は、直接、面と向かいあって聞いてもなかなかわからない。枠がないからである。この場合、名刺を見せてもらうと枠の用意ができるので、わかりよくなることは、しばしば経験することであろう。

八　枠が翻訳してしまう

「コケコッコー」から横道にはいったが、ふたたび話を合調音語にもどすときがきたようだ。

そもそも「練習する」ということは「枠をつくること」なのであろう。反復練習によって、合調音語の枠がこしらえられる。これは言葉としての枠である。ところが、長短の音の配列だけが本質的な要素である電信符号は、長短の配列が似ている合調音語の枠に「ひき入れ」られる。そうすれば、その合調音語が聞こえたということになる。つまり外から来た信号音を、あらかじめ用意しておいたいくつかの合調音語の枠にあてはめて聞くのである。その枠は言葉なので、直接言葉として聞こえる。つまりここで長短の信号音から言葉への「すり換え」が行われている。心理学的な言葉を使えば、長短の信号音の感覚がただちに言葉の知覚になってしまうのである。すなわち信号音が、枠の作用によって翻訳されて、言葉(合調音語)として聞こえてくる。「トツー」をそのまま「・——」という枠で受けとって(知覚して)、次にこれの対応文字の「イ」を、意識的活動によって(努力によって)ひき出すのとは、全く異なるやり方である。合調音語にはこの翻訳の努力が全く無用なのである。

九　終わりに

合調音語を肴(さかな)にして人間が外界からの情報をどんな風に処理するかを、すこしばかり考えてみたのであるが、枠があらゆる認識の基本要素となるきわめて大切なものであることは、いくら強調しても決して強調し過ぎることはないと思われるほどである。言語はこの枠の最もわかりやすい代表的な例である。（異なる国語は異なる量子化の上にたったものであることはいまさらいうまでもなかろう。）「はじめにことばありき」という聖書の一句は、何だかこの辺のことにも通じそうに思われる。

また枠のひき入れ作用などは、心理学でいう錯覚や、生理学でいう条件反射にも緊密な関係をもっているのであろう。無限の可能性（？）をもつ処女地に、この枠をどう形造って行くか？　これが教育の本質的、基礎的問題でなくてほかに何があろう。

（ロゲルギストK）

パラドックスの効用

一

ゼノンのパラドックスというのがある。英雄アキレスでも亀に追いつけないという議論である。兎と亀の競走に話をかえると、つぎのようになる。亀がA点を出発し、同時に兎がB点を出発して、亀を追うものとしよう。兎がA点に到達したときには、亀はその先のA_1点まで動いているだろう。兎がA_1点に来ると、そのときには亀はすでにその先のA_2に来ている……。こうして、いつまでたっても、兎は亀に追いつくことができない、というのである。似たようなことは、力学の問題にもある。ゴムまりを床の上に落とすと、はね返るたびごとに跳び上がる高さは減っていくが、衝突が無限回おこるので、いつまでたってもゴムまりは静止することはないだろう。

以上の議論は、「無限回の操作を行うには無限の時間を要する」という考えが前提になっている。現実に兎が亀に追いつき、ゴムまりが静止することは、この考えの正しくないことを示している。いわゆる帰謬法（背理法）とはちがうかも知れないが、結論が明らかに不合理なばあいに、議論の筋道になにか間違いがあると考えるのは、至極当然のことであろう。——もっとも、ゼノンのパラドックスは、上に述べたような簡単な解釈で解決されるようなものではなく、哲学的にもっと深遠なものであるかも知れないが、その点は、ここでは問わないことにしておく。

数学では、ラッセルのパラドックスやブラリ・フォルティのパラドックスと称するものが、集合論の初期の時代に論ぜられたことは、よく知られている。物理の方面でも、ダランベールのパラドックスというのが、流体力学者を悩ませたことは有名である。これは、「静止している完全流体（粘性のない流体）の中で等速運動をする物体には抵抗が働かない」というもので、明らかに日常の経験に反する。

実在の流体には必ず粘性があるのだから、「非粘性」を前提とするダランベールのパラドックスが実際にあてはまらないのも、別に不思議ではない。こう割り切ってパラドックスを避けることも、もちろん可能ではあるが、水や空気のように粘性のきわめて小さい流体でも、相当大きい抵抗を及ぼすという事実は、やはりなっとくがいかない。いかに粘性が小さくても、物体の表面には極めて薄い渦の層(境界層)ができる、というプラントルの境界層理論によって、上のダランベールのパラドックスははじめて完全な解決を見たのである。

すなわち、この渦の層が物体表面からはがれて流れの中に押し出されていくと、複雑な渦流を生み出し、そのためにエネルギーを消費するので、抵抗が働くというわけである。もしも渦の層がおとなしく物体表面にくっついていれば、流れは滑らかで、物体は抵抗を受けない。つまり、ダランベールのパラドックスは、「真理」として成り立つ。このような都合のよい形をした物体がいわゆる流線形である。

ダランベールのパラドックスとの悪戦苦闘から境界層理論が生まれ、現代流体力学の基礎が築かれたといっても、決して言い過ぎではなかろう。ここに、パラドックスの大きい効用が認められよう。

表面的にはパラドックスはマイナスの面しかもたないようであるが、このようにプラスの面もそなえている。これに反して、一見正しい議論が実は誤っているという例も少なくない。つぎに、流体力学で言いならわされ、教科書などにもしばしば現われる迷論を二、三あげてみよう。

二　霧吹きの原理

原理というのは、いささか大げさであるが、なぜ「霧吹き」で霧ができるかということである。よく教科書などでは、ベルヌーイの定理の応用例としてあげられている。つまり、「一本の流線の上では、流速 v と圧力 p のあいだに、

$$p+\frac{1}{2}\rho v^2 = 一定 \qquad (1)$$

という関係がある」という定理である。ここに ρ は流体の密度である。定性的には、「流速の大きいところで圧力が低くなる」といってもよい。この定理は、流体力学でもっとも基礎的な定理と考えられ、流体の運動を論ずる際の金科玉条とされている。(その重要性には異論はないが、これだけで流体の問題が一切片づくという万能薬ではない！これは以下に見られるとおりである。)

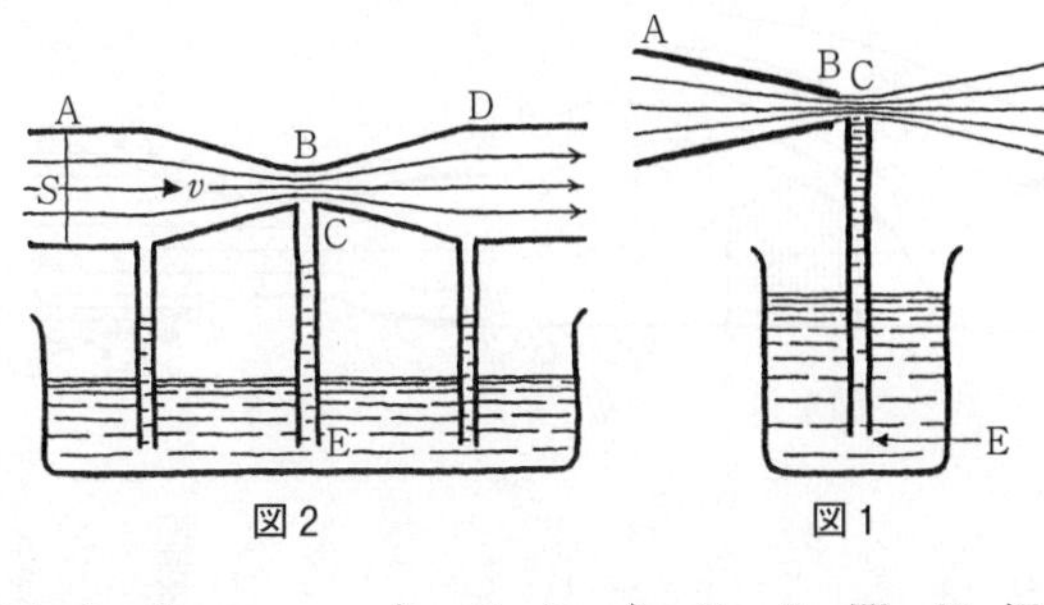

図2　図1

管ABから息を吹き出して気流BDを作り、コップの水に浸した管CEの一端Cを気流の中に入れると、コップの水が吸い上げられて、Cから霧となって飛び散る(図1)。問題は、なぜ水が吸い上げられるか、ということである。それには、管CEの出口Cのところで気圧が低くなっていることがいえればよい。そこで、ベルヌーイの定理を使えばよかろうということになり、「C点で流速が大きい」ことをいおうとする。さて、断面積がゆるやかに変わっている管の中を流体が流れるとき、断面積Sと流速vのあいだには、

$$vS = \text{一定} \qquad (2)$$

という関係のあることは、よく知られている(図2)。そこで、「C点で流速vが大きくなる」ことをいうには「流管ABCDの断面積がC点で小さくなっている」こ

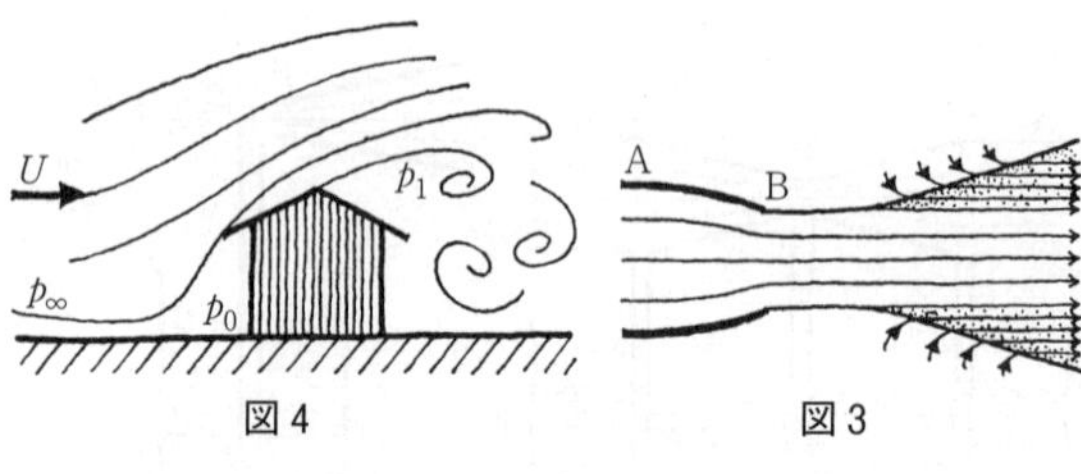

図4　図3

とをいえばよかろう。

たしかに、みたところ、管ABの出口Bのところで気流の断面積は小さくなっている。これで、水を吸い上げる理由がわかった！　……実際、以上のような説明が、しばしば教科書などで見られる。（白状すると、実は筆者自身こういう説明をしたことがある。）

しかし、よく考えてみると、この説明は少々おかしい。気流ＢＣＤは大気中に吹き出しているのだから、その境界面では大気圧p_∞になっているはずである。実際、噴流内の圧力を（管CEをつき込まない状態で）測定してみると、いたるところ、ほとんど大気圧に等しくなっている。噴流の断面積が下流にいくほど増しているのは、周囲の静止空気をとり込むからで（図3）、管ABの延長である流管の太さはほとんど一定不変である。

それでは、正しい説明はどうか？　大風に屋根が吹き飛ばされることはだれでもよく知っている。しかし、風下側の屋根の方が被害が大きいことは、案外知られていないようである。さて、正面から風が吹きつけるとして、家の前面から屋根に沿って流れる空気について、ベルヌーイの定理(1)を適用する(図4)と、

$$p+\frac{1}{2}\rho v^2 = p_\infty + \frac{1}{2}\rho U^2 = p_0$$

$$\therefore\quad p-p_\infty = \frac{1}{2}\rho U^2\left\{1-\left(\frac{v}{U}\right)^2\right\} \qquad (3)$$

ただし、(1)式の一定値として、無限上流での値(圧力は大気圧p_∞、流速は風速U)をとってある。とくに、家の正面では風がよどむ($v=0$)ので、圧力p_0は大気圧より$\frac{1}{2}\rho U^2$だけ高くなっている。屋根では風速がはやくなるのでv/Uは1をこえ、(3)式により$p-p_\infty<0$、したがって圧力pは大気圧より低い。屋根のてっぺんでは流線がはがれて(境界層がはがれる!)、その後ろ側では渦ができ圧力p_1は非常に低くなる。一方、家の中では、気圧は大体、家の正面での値p_0になっているので、内外の圧力差で屋根がもち上げられ、吹き飛ばされるというわけである。

さて、屋根のように出張ったところでv/Uの値は一般に1より大きく、しかも、

その値は建物の形だけできまり風速Uによらない。したがって、(3)式から、大気圧との圧力差$p_\infty-p$は風速の二乗に比例して大きくなるのである。

建物の代わりに煙突があるばあいでも、煙突の出口のところでは、ちょうど屋根と同じように圧力が低下し、しかもその低下量は風速の二乗に比例する。図1にかえって考えると、管CEは暴風にさらされた煙突と同じことになり、出口Cでの気圧が下がり、コップの水を吸い上げるわけである。つまり、管ABから気流BCDを吹き出しても、それだけでは気圧は下がらず、管CEを気流中に入れてはじめて吸い上げ作用を生ずる。これが「霧吹きの原理」の正しい説明である。(図2のようなくびれた管の中に気流を通すと、管CEは水を吸い上げる。このばあいには、前に述べた「霧吹きの原理」の間違った説明が実は正しい説明になる。)

三　翼の揚力・野球のカーブ

飛行機にはなぜ揚力が働くか？　これは、二〇年近く以前、敬愛する先輩H教授から受けた質問である。高校物理の教科書でもよくお目にかかるこの問題の解答をもちろんH教授が御存じないはずはない。航空力学の試験のつもりで、クッタ・ジューコフスキーの定理*によって翼に揚力が働くなどと答えたのでは、もちろん落第である。数式を使わないで、直観的にわかる説明をせよという注文なのである。

＊ 密度ρの流体が速度Uで流れているとき、流れに直角に柱状の物体をひたすと、物体には（軸方向の単位長さ当たり）$\rho U\Gamma$の大きさの揚力が働く。ただし、物体のまわりに大きさΓの循環があるとする。これをクッタ・ジューコフスキーの定理というのである。

手近にあった本には、つぎのような説明が与えてあった。飛行機の翼は大体図5のような断面形をもっている。翼に揚力が働くことを説明するためには、翼の上面では下面よりも空気の圧力が低くなっていることをいえばよい。それには、ベルヌーイの定理(1)によって、翼の上面では下面よりも流速vが大きくなっていることがいえればよい。そこで、つぎのように議論する。翼の表面に沿って流れる流体粒子について考えると、翼の上面をまわる粒子は、下面をまわるものよりも長い距離を進まねばならない。（図5のように、翼の上面の方が下面より曲がりが大きいから。）したがって、翼の前縁Aを同時に出発して上下に分かれた流体粒子が、後縁Bに**同時に到着する**ために

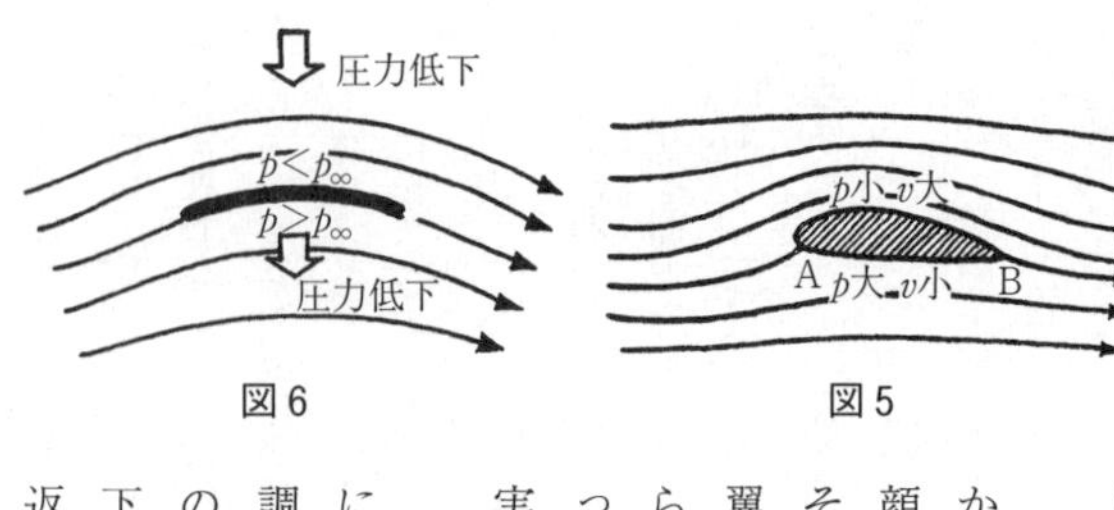

図6　　図5

は、上面での流速が下面よりもはやくなければならない。

たしかに、この説明は一応筋が通っているように思える。しかし、前縁Aで分かれた二つの流体粒子が、なぜ後縁Bで再び顔を合わせなければならないかという理由はわからない。仮にそれが正しいとすれば、図6のような円弧形の断面をもつ薄い翼ではどうだろう。このとき、上面と下面とは長さが等しいから、上の議論によると、流速は上面・下面とも等しく、したがって圧力も等しくなり、揚力は働かないはずである。これは事実に反する。

同時到着の仮定が間違っていることは、図7の写真が明らかに示している。これは、いわゆる煙風洞で翼のまわりの気流を調べたものである。上流〔図の右側〕の方でクシ型に設けた多数の細管から瞬間的に煙を出すと、短い煙のすじが一列に並んで下流に流されていく。これを一定時間間隔をおいて露出を繰り返し、一枚の写真にとると、図のようなしま模様が写る。

これは、ある時刻に出た煙のすじの一団が時間的にどのように行動するかを示すものである。しまのあらいところでは、流速はもちろん速い。(しま模様につけた数字1、2、……はちょうどその時刻に煙がきたことを示す。) 明らかに、翼の上面をまわる方が下面をまわるものよりずっと速い。すなわち、同時到着の仮定を上回る程度に上面での流速が大きく、したがって圧力降下もはげしいのである。

それでは、揚力の正しい説明はどうか? 図6のばあいについていえば、「流線が曲がっているばあい、曲率中心に向かって圧力が降下する」*という事実を使うのが便利である。これを仮に**流線曲率の定理**と呼ぶことにしよう。これは要するに、流体粒子が曲線運動をするためには、曲率の中心に向かって求心力が働いていなければならず、その求心力は、圧力が曲率中心に向かって降下していることでまかなわれるというのである。

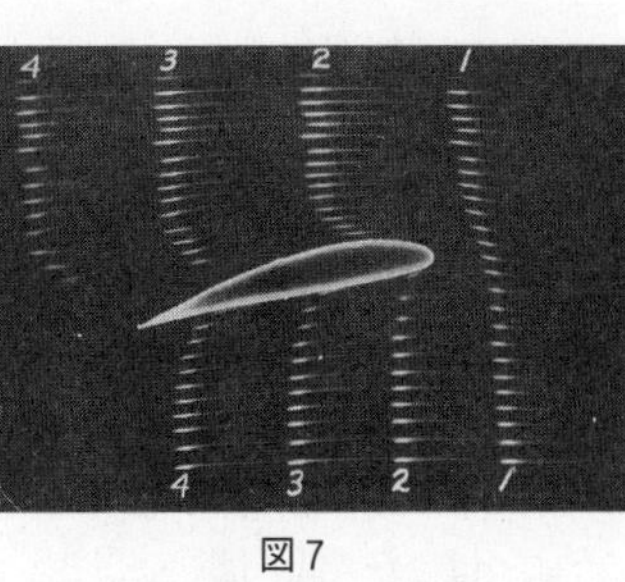

図7

＊　詳しくいうと、流線の曲率半径をκとすれば、曲率中心に向かって圧力勾配

$$\frac{\partial p}{\partial n} = -\frac{\rho v^2}{\kappa}$$

がある。

流線曲率の定理によれば、図6の流線の曲がり方から、明らかに、円弧形の翼の上面の圧力は大気圧p_∞より低く、下面の圧力はp_∞より高い。したがって翼は下から上に押し上げられる。すなわち、揚力が働く。

ここで注意すべきことは、このばあいベルヌーイの定理は全然考える必要がないことである。しかし、上のようにして、翼の上面で圧力が低く下面では高いことがわかると、ベルヌーイの定理によって、流速は翼の上面でははやく下面ではおそくなる。つまり、翼に揚力が働く結果として、翼の上面と下面とに流速の差ができるわけで、前の説明では話の順序が逆なのであった。

図5や図6のように翼の上面・下面の曲率がちがうばあいは、上の説明でよいが、図8のように、平板を流れに傾けておいたようなばあいはどうだろう。このばあい、翼に沿う流線自身はもちろん曲率をもたないが、それ以外の流線、たとえばCD、EFなどはすべて曲がっており、図6のときとまったく同様な説明が許される。

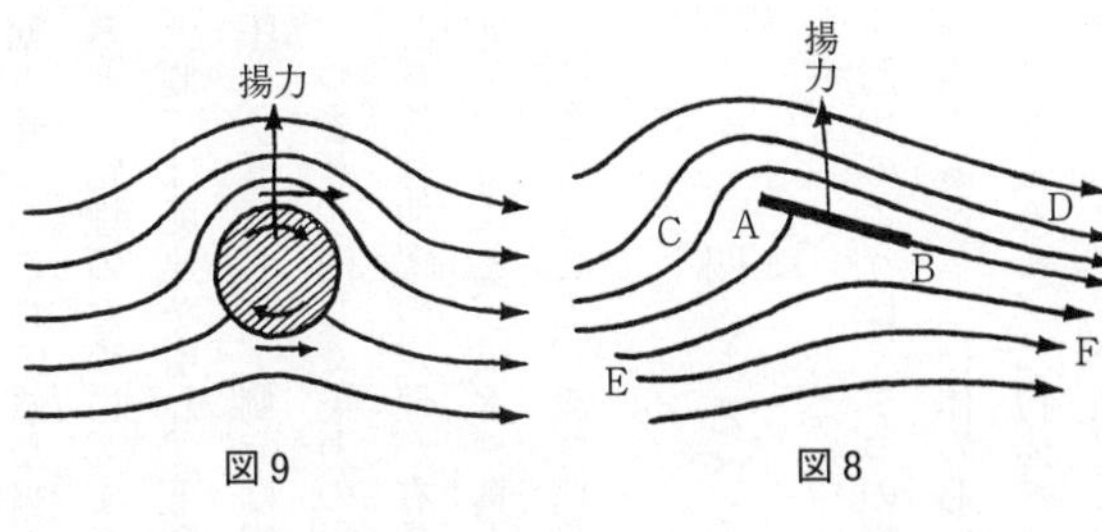

図9　図8

以上の説明をもっとよく考えてみると、翼が流線の一部になっている、すなわち、「翼に沿って流体が流れている」ということを前提とした議論である。そうだとすれば、翼の後縁では流体は翼面の方向に流れ去るわけである。そこで、翼に向かって流れて来た流体は、翼に沿って流れた後、はじめの方向と異なる斜め下向きの方向に流れていくのだから、流体の運動量が下向きの変化を受ける。そのためには、流体は下向きの力をどこかで受けているはずである。力を及ぼすものとしては翼しか考えられないから、翼は流体の下に押しつけているのだろう。その反作用として、翼は流体から上向きの力を受ける。けっきょく、揚力というのは、翼が気流の向きを変えるため、その反作用として流体から受ける力であるといえよう。

最後に一つ注意。野球のボールのカーブの説明には、ベルヌーイの定理が肝要である。ボールの代わりに円柱を回転させて、これに風が当たるばあいを考えても大体同様である(図9)。円柱が回転すると、粘性のために、まわりの空気も円柱と同じ方向に回転する。したがって円柱の上側では風速が増し、下側では減る。その結果ベルヌーイの定理によって、上側では圧力が低下し、下側では増加する……。

つまり、同じく揚力の説明といっても、ベルヌーイの定理一本槍では片付かず、むしろ流線曲率の定理が有効であるばあいが多いのである。なお、渦の中心部で圧力が低下すること、噴水や真上に噴き出した気流の中にピンポン玉を安定に保つことができることなども、流線曲率の定理を使えば容易にうなずけるだろう。

四　あるメンタルテスト

図10のように、二つの物体、たとえば二円柱または二球を並べておき、これに流れを当てると、二物体のあいだにどんな力が働くだろうか?　この問題にAはこう答える。もちろん、二物体には互いに押しのけようとする力が働く。二物体のあいだの狭いところを流体が無理に押し通ろうとするから。

これに対してBは反論する。それは素人考えだ。狭いところを流れると流速が増すから、ベルヌーイの定理で圧力が下がる。だから外側から押されて二物体は互いに近づこうとするはずだ。

A、Bのどちらが正しいか？　実は、どちらも正しい。また両方とも間違っているともいえる。それは、物体の大きさや、流体の粘性や流速によって、二物体は引きあうことも、押しあうこともあるからである。

実際の流れの様子はレイノルズ数$R=\rho UL/\mu$（ρは密度、μは粘性率、Uは流速、Lは物体の大きさ）によって変わり、Rの小さいときはAの主張が正しく、Rの大きいときはBが正しい。つまり、粘性がきかないばあいはベルヌーイの定理の信奉者Bが正しく、粘性が主にきくばあいは、Aの常識論が勝を制するのである。流体力学者Bからみれば Aの議論は一種のパラドックスであろうが、その体験談（人込みを押し分けていくときどんな力が働くか？）に耳を傾ければ、あるいは粘性を無視した議論の欠陥に気づいたかも知れない。

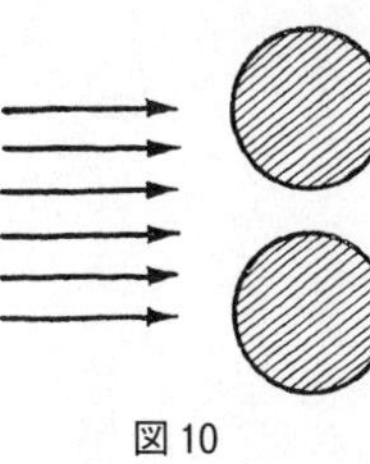

図10

五　権威を盲信するな

ホースから勢いよく水を出すと、空中に美しい弧を画く(図11)。その形はもちろんパラボラ(放物線)であろうとは、だれしも想像するところであろう。ところが、今から三〇年ばかり前(一九三〇年代)、微分幾何や相対論で有名なイタリアのレヴィ・チビタが噴流の形を理論的に研究して、上昇部分ABはカテナリ(懸垂線)、下降部分BCはパラボラであると論じた。

それによると、頂点Bを通る鉛直線BDに関して噴流の形は対称ではなく、下降部分の方が上昇部分よりも広くなる。(噴流がパラボラ形であるとして、さらに空気の抵抗を考慮すると、下降部分の方が逆に狭くなるはずである。)この事実は後にカナダの学者によって実験的に確かめられた。レヴィ・チビタの議論の要点は、上昇部分ABでは水は連続した物体(すなわち水のヒモ)として行動し、その運動を支配する方程式は、重力の場でヒモをぶら下げるときと同じ形式になり、したがってカテナリが得られる。下降部分では、水はバラバラの粒として行動し、したがって放物線を画く、というのである。

放物体の軌跡はパラボラであるという常識をみごとに打ち破るレヴィ・チビタの理論は、学校を出たての筆者には大きい魅力であった。質点の力学と連続体の力学の相違を示す好例として、折にふれては持ち出したものであった。いつも結果だけを引用していたのであるが、最近思い立ってこの結果をはじめから導いてみようとしたが、どうしても出てこない。どう考えても、噴流の形はパラボラ以外にはなり得ないのである。そこで、もう一度レヴィ・チビタの原論文を探し出して調べたところ、彼の議論には、「噴流の中の圧力は大気圧と異なる」という仮定が含まれていることがわかった。

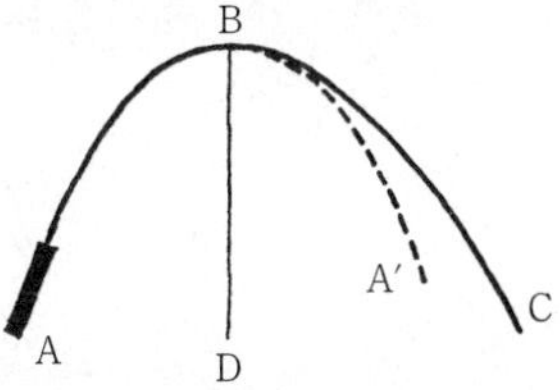

これはまさに、「霧吹きの原理」の迷論そのままである。レヴィ・チビタの名声に幻惑され、また、その理論結果が実験的に証明されているというので安心していたわけで、まことにザンキの至りであった。結論が正しいばあい、途中の議論の欠陥はつい見逃し勝ちなものである。このような危険性はパラドックスにはない。むしろ、新事実への発展に導く点

図 11

にパラドックスの効用があるといえるだろう。

（ロゲルギスト I_2）

呼鈴はなぜ鳴るか

高校生のP君がある日物理のT先生のところへ来て出した質問が話のきっかけである。P君は頭が緻密で鋭いことは定評があるし、T先生も良心的で、物を最後までつきとめなければ承知しないたちだから、話が大分むずかしくなるのは無理もないところである。

P　電気のベルが鳴るわけは小学校で習ったきり、それ以後どこでも出てこないんですが、あの説明でいいんでしょうか。

T　何だって、もう少し具体的にいうと。

P　つまり、電磁石と鉄片があって、その鉄片の片側には接点があって(図1)、電磁石に電流が流れると、鉄片が引きつけられて、そこで接点が離れるから、電流が切

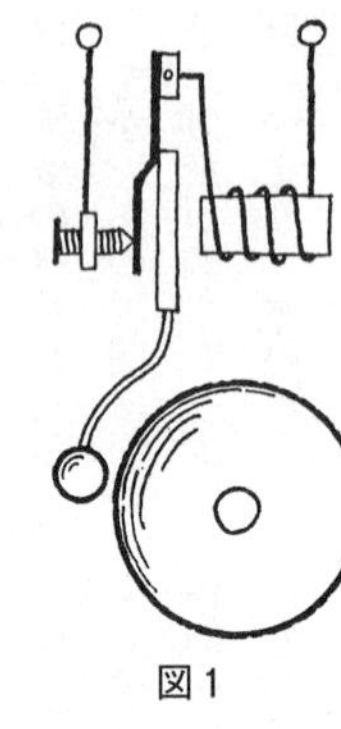
図1

れて、そこで電磁石が鉄片を引っぱらなくなるから鉄片は戻って、鉄片が戻れば接点がついて、という具合にして何度もくりかえす。というわけですね。

T その通りだろう。それで。

P それがよくわからないんです。まず、電流が通って、鉄片が引かれて、それで接点が離れること、それから電流が切れて電磁石は力を失って、接点がつくことが本当の一瞬間におこると考えたとします。そうしたら、鉄片は無限に速く振動することになりますね。しかし、本当はそんなに速くは振動しないで、先についた球がベルをたたくことができるぐらいの振動数になるというのはなぜかっていう疑問が出てきたんです。

T そりゃーＩ君、そのために、鉄片の慣性というものを考える必要があるさ。それに、普通の電鈴は、鉄片のうしろに銅板の板バネがついていて、それに接点がついているだろう？　あれを考えなきゃ正確な話にはならないさ。そこを考えに入れて、正確な計算をすれば、きっと、鉄片の振動の周期は、これの自由振動（電流を通さずに、手ではじいて振動させたときの振動）の周期と同じぐらいに出てくるんじゃないかねー。

P　ぼくも、まあそんなことだと思ったんです。つまり、鉄片が磁石に引きつけられる。ある位置までくると接点が離れて、電流は切れる。しかし鉄片は慣性があるから、もっと電磁石に近づき（そのときハンマーがベルをたたく）、やがて戻って行って、どこかでまた接点がつく、そこで電磁石は鉄片を引き戻そうとするが、慣性でもう少し運動をつづけて、やがてまた電磁石に引かれて行く、そうして接点が切れる……。ということになるわけですね。そこで、それでも、もう少しよく考えてやろうと思ったんです。ところがよく考えると少しおかしいんで相談にきたわけです。まず、構造としては、ベルをたたくハンマーは鉄片にかなりしっかりくっついていて、それ全体がやわらかいバネでささえられているとします。それから、接点はこの鉄片にくっついたやわらかいバネの上についているとしますね。そこで、こう考えるわけです。鉄片（つまりハンマー）の位置が変わると、これにはたらくバネの力（復元力）も変わります。それをグラフに描くと大体こんなふう（図2）になると思うんです。ここで途中でグラフが少し曲がっているのは、ここで接点がついて、接点

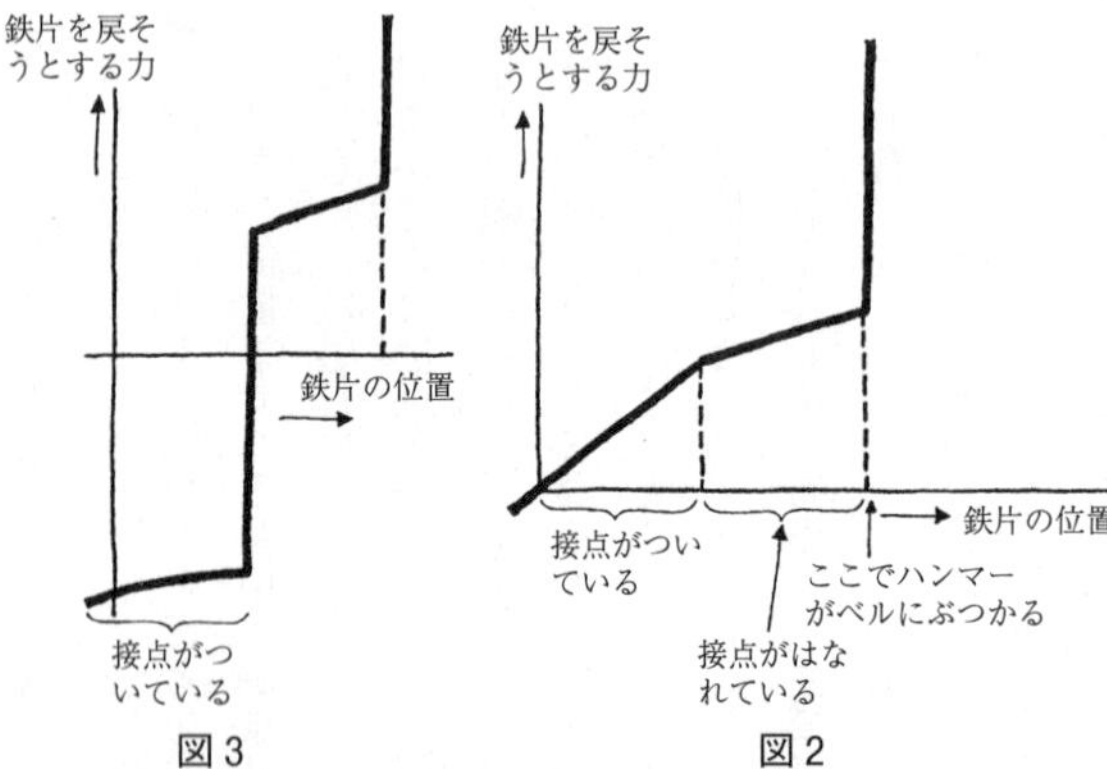

図3　　図2

バネの力が余分にはたらくからです。

T　たしかにそうだね、なかなかいい考えかただ。

P　そこで、これは電池をつながないときに鉄片にはたらく力ですが、こんどは電池をつないだときにはこのグラフがどう変わるかと考えてみたんです。

T　なるほど。

P　そうすると、接点が離れているときは電流がゼロだから、何も変わらないで、接点がついたところでは電磁石の力が、鉄片を自分の方へ引くので、それだけ下にずれて、こんなふう（図3）になるはずですね。この下左の部分が曲がっているのは電磁石の力が鉄片と電磁石との間の距離によって変わる変わり方からこうなるだろうと思って描いたんですが、今の話にはどうでもいいことです。とにかく、わかることは、電磁石の作用で、この力と位置との関係を示すグラフが少し変わったということだけだ、ということなんです。

T ああそうか。つまり、物体にはたらく力がその物体のある場所だけによってきまってしまうといいたいんだね。そうすると、この場合は、むずかしくいえば保存力の場というやつになるわけだが。つまり、鉄片を一つのボールにたとえれば、ボールをこんな(図4)角ばった面の上に置いたのと同じことになるわけだね。こうすると、ボールにはたらく力は下の面の傾斜できまって、その傾斜の大きさが大体図3の力のような変わり方をしているからね。面に角があるのは、そこで傾斜が図3の力と同じように急に変わっていることになる。

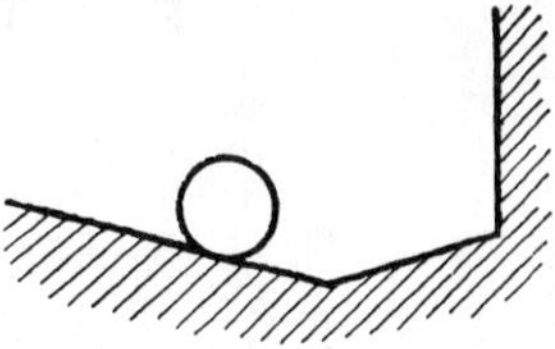

図4

P そうなんです。そこで、この球の方で考えてみると、球を斜面に置いて離せば谷の所を中心にして振動することはしますが、実際は振動はだんだん小さくなって終わりには谷の所におちついてしまうと思いますね。

T たしかにそうだ。抵抗がない理想的な状態ならいつまでも振動がつづくけれども少なくとも、ひとりでに振動をおこすことはあり得ない。

P そうすると、球は最低点で静止するっていうわけですね。ところで、このことを本物の方に移して考えてみると、鉄片が、接点がちょうど切れるかつくかの境目のところで静止しているっていうことになりますね。ここでわからなくなったんです。この境目の状態で、もし接点がついていれば、鉄片は引っぱられるから、すぐ接点は離れてしまうはずだし、もし接点が離れて電流が流れなければ、バネの力で接点はついてしまうはずだし、どっちにしても、安定に存在できないっていうことなんです。強いて静止させようと思ったら、接点が「半分ついた」状態、つまり電流が少しだけ流れる状態にならなければいけないわけです。

接点というものが、そのように、中途半端な、電流を少しだけ流す状態を許すものならそれでいいわけですが、そうでないと、やはり静止しているわけにはいかない。とすると、やっぱり振動するよりほかはないのかしらとも思っているわけなんです。

T しかし、静止することがあり得ないから振動するっていう論法はあんまり感心できないな。

P　そうですね。それに実際はもっと大きく振動して、しかも、いつまでも振動を持続して、少なくともベルの音としてエネルギーを外に発散しているわけです。ところが、いまの考え方で行くと、エネルギーを全然失わないとしたときに、振動の曲線(図5)がこう左右対称になって、振動は一定の振幅を保つことになるわけですね。

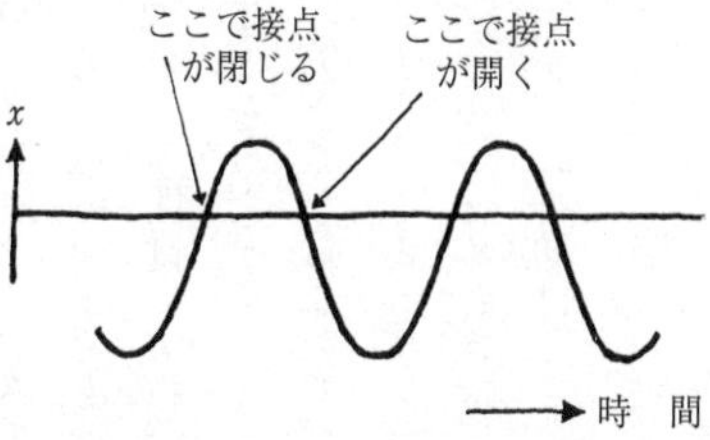

ここで接点が閉じる
ここで接点が開く
x
時　間

図5

これは、実際のことと合わないわけです。

T　どうもたしかに不思議だ。今回はこのくらいにして、この次のときまでに考えてこよう。

P　ではお願いします。

こうして問題は一応宿題という形になった。以下は、次の週にまた会った二人の話である。

T　P君、この前の話わかったよ。

P　早速きかして下さい。

T　謎を解く鍵は電磁石のコイルのインダクタンスさ。

P インダクタンスていうと、コイルに流れる電流が、慣性をもっていて、流れはじめたらいつまでも流れようとする。逆に流れはじめはなかなか流れようとしないっていう性質ですね。

T そうだ。そのインダクタンスのおかげで、接点がついても電磁石の電流はすぐに大きくならないで、ちょうど図6のように、はじめ小さく、終わりの切れぎわにはりつつあるときで、そのときに電磁石が弱いということは、鉄片が電磁石から遠ざかるのを助けることになる。接点の切れぎわは逆に鉄片が電磁石に近づきつつあるときで、そのときに電磁石が強くなるっていうのは、鉄片が電磁石に近づくのを助けることになるっていうわけ。つまり、いつも、運動している方向に外から力がはたらけば、エネルギーが補強されるから、振動はますます増大するし、音やなにかで損失があっても振幅が減衰しないっていうことになるわけだ。

P そうすると、電鈴が鳴るのには電磁石のインダクタンスが不可欠だということですか。

T まさにそうだね。

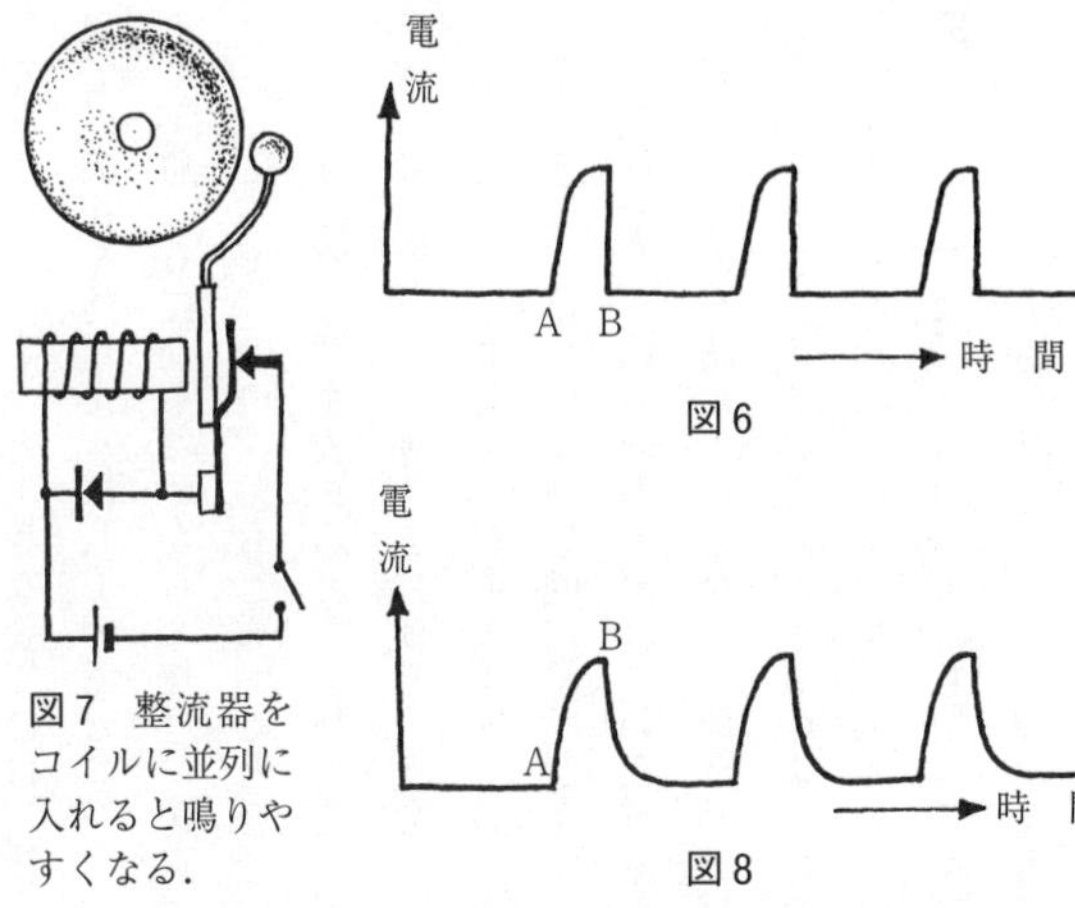

図7　整流器をコイルに並列に入れると鳴りやすくなる．

図6

図8

P　だけど、コイルがあると電流が急に変わることができないんだとすると、電流が切れる所(図6のB点)の方はどういうことになるんですか。接点が切れると電流は0になるほかはないわけですね。

T　その通り。電流がむりやりに急に0にされてしまうわけだから、電流の慣性は、電流が0になることに抵抗して何とか流しつづけようとして、接点に大きな電圧が出ることになるんだ。そこで、接点で火花(正確にはアーク)が出ることになる。実際、呼鈴の接点では火花が出ているね。あれはしかしあまり感心しないんで、接点がはやく悪くなるから、もっと上等な装置では、接点のところに、コンデンサーと抵抗をつけて、火花を防ぐようにしている。コンデンサーがあると、電流がそちらの方を流れて、急に0にならないから、無理に接点で火花を出すこともないってわけだね。

ところで、一つ、おもしろいことをやってみたんだ。電鈴のコイルと並列に図7のように整流器を入れるんだ。整流器っていうのは、電流が一つの方向には自由に流れるけれども、逆の方に流そうと思って電圧を加えても流れない性質があるね。ここで、コイルに並列に整流器をつけると、接点が閉じてコイルに電流が流れているときは、整流器は逆方向に電圧がかかっているから何も流れない。ところが接点が離れると、接点の方へ流れていた電流が整流器の方へ逆流して、コイルの電流が急変するのを防ぐことになるというわけで、火花が完全に防止できるんだ。その上、そうすると、電流の波形が図8のようになって、遅れがなお大きくなり整流器のないときよりもっと確実にベルが鳴るようになる。

P なるほどね。うちのベルにもやってみようかな。

T それにしても、呼鈴みたいな簡単なものでも正確に考えると思いの外やっかいなものだね。だけどね、よく考えると、やっぱり小学校式の素朴な説明は間違っていないことじゃないかね。つまり、電磁石が引っぱる、そこで接点が切れる、そこで電流がなくなる、そこで……という具合に、次々のことが原因、結果の鎖となって順々におこるという考えは、その原因と結果の間にいつもある時間の遅れがあることを暗黙のうちに認めているわけだからね。ただ、その遅れが何によっておこるかの詮索がどの本にも書いてないっていうわけだ。このほかにも、本に書いてあるだけの説明では納得のいかない問題はきっとたくさんあるよ。また質問があったらいつでももってきたまえ。そうしていっしょに考えよう。

（ロゲルギストT）

シロウトの日本語文法

「日本語は非論理的で、科学の論文を書くのに適しない」、「日本語はむずかしい。外国人にはとても習得は困難だ」、「いっそのこと、日本語をやめて英語にしてしまったら、どうだろう？」……こういう議論を耳にすることがしばしばある。しかし一方、日本語に興味をもち、日本人よりもきれいな日本語を話し、これはと驚くようなむずかしい書物を読みこなすような外国人もいる。それほどではなくても、ちょっと日本語をかじってみたいという外国人に出あうことは珍しくない。いったい、日本語はほんとうにむずかしいのだろうか？　非論理的なのだろうか？

少なくとも、われわれ日本人には日本語はきわめてやさしい。日本では、コジキでも、子供でも、日本語をしゃべる。それに比べて、外国語のむずかしいこと！

しかし、そのやさしいはずの日本語を外国人に教えようとすると、これはまた、やっかいな仕事である。フンドシをしめてかかって真剣に日本語を勉強しようという外国人に対してなら、しかるべき『日本語入門』、『日本語文法』などの本を紹介すればよいだろうが、ちょっと日本語に興味をもち、概略だけを知りたいという人には、なにを教えるべきか、迷わざるを得ない。

一　ある対話

G　むずかしいものをお読みですね。日本語ですか?

N　ええ、日本からきた手紙です。どうぞごらん下さい。

G　これはすごい! よく、こんな複雑なものが読めますね。しかし、実にきれいだ! 神秘的だ! 日本語というのは、おそろしくむずかしいコトバだそうですね。

N　いや、そんなことはありません。これは字がむずかしいだけで、日本語そのものは簡単です。日本では、子供でも日本語をしゃべっていますよ。

G　いったい、文字はいくつあるんですか?

N　アルファベットに相当するのが、「ひらがな」「カタカナ」の二種類があってだいたい五〇個ずつ。それに漢字が……まあ、二千字ぐらいおぼえればいいでしょう。

G　え、二千字！　よくそんなにおぼえられますね。

N　いや、大したことでは……。二千字というのは、ふつうに使われる字で、ボクでも、まあ五、六千は読めるでしょう。

これはあるドイツ人との対話である。五、六千というのは、すこしオーバーな表現であったかも知れないが、これぐらい知っているぞ、とちょっと自慢してみる気になったわけである。

N　字はともかくとして、日本語は、文法そのものは、しごくかんたんですよ。第一、der, des, dem, den といった格による冠詞の変化がない。いや冠詞そのものがない。それに、男性・中性・女性のような性の区別や、単数・複数、人称の区別などもない。それに、変化・活用するのは動詞と形容詞だけで、しかもドイツ語などに比べるとビックリするほど簡単ですよ。

G　人称や数や格の区別がなくて、正確な表現がほんとうにできるものでしょうか？　どうもボクにはなっとくできませんね。

ここで、この懐疑的なドイツ人を説伏して日本語の合理性をなっとくさせなければ、という一種の義務感をいだくことになったのは、あながち、お国自慢とばかりもいいきれない。むしろ、日本語は非論理的であるという非難には、つね日ごろ筆者は反発を感じていた次第である。

さて、非難にこたえるためには、日本語の合理性を実証するに足るような文法体系を示さなければならない（非論理的なところが芸術的で優秀なのだ、といったのでは「科学者」はなっとくしない）。中学時代のウロおぼえの国文法、それも文語文法しか記憶にないのを頼りに「シロウトの日本語文法」を構成してみよう。これが以下の考察のそもそもの動機である。

しかし、思いたってみると、これはなかなか興味のもてる仕事であった。ふだん読み、話し、聞き、また、たまには書いたりで、材料は無限にある。これを自分勝手に料理して、自分なりに整理すればよい。ちょうど、豊富な実験データ、観測結果を手にして、これからなんらかの結論を引き出そうとする研究者と同じ立場である。しかも、その材料である日本語の文章については、実験・観測の精度に自分なりの確信がもてる（外国語の文章では、そうはいかない）。まず、大づかみのところ、すなわち「第

0近似」の日本語文法を作ろう。

二　コトバとはなにか

むろん、人間の思考を伝達する手段がコトバである。思考内容は脳の中におさまっているから、まず、空間的すなわち三次元的な拡がりをもつものと考えてよかろう。これに対してコトバは時間の流れに沿って語り出されるから、一次元的である。また、これを文章に書いたとしても、一本の線としてつながっている(大部の書物でも、各ページの各行を切りはなしてつなぎ合わせると、本質的には一本の長いテープと同じである)。つまり、コトバは三次元を一次元に変換する手段である。この点、コトバは、二次元的な画像を一次元的な電気信号に変換して伝達するテレビに似ている。

さて、テレビでは、画面を端から端へ「走査」することによって「一次元化」を行なう。同一の画面でも、走査方式がちがえば電気信号もちがうことはいうまでもない。電気信号をコトバに対比させると、走査方式が文法に対応することは容易に理解されよう。たとえば、画面を縦方向に走査するのが、日本語、横方向に走査するのが英語、ドイツ語、……というわけで、どちらが「文法的」にすぐれている、あるいは合理的であると即断することはできない。

三　日本語の走査方式――第0近似の文法

いま、芝居の一場面を想像してみよう。その情景を説明するのに、ある人は、まず主役に目をつけてそのしぐさを述べ、つぎにわき役や舞台装置におよぶだろう。あるいは、まず、登場人物、道具立て、背景など舞台に現われる「人物・物体」をあげ、それから、おもむろに「動作」の描写にうつるかも知れない。芝居の場面の「走査方式」にも、このようにいろいろあり得る。

日本語の走査方式――文法――は、まさに後者のやり方である。たとえば

ボクは　キミに　本を　やる

という文を考えてみよう。ボク(主役)、キミ(わき役)、本(道具)という「物体」をはじめにあげて、「やる」という「動作」で文をしめくくっている。これを英語の

I give you a book

の順序と比較すればおもしろい。

そこで、「物体」にあたるコトバを**体言**（T）、「動作」にあたるコトバを**用言**（y）とよぶことにすると、日本語では、一般に、**文**（b）の構成は

$$b = T * y \qquad \text{文} = \text{体言} * \text{用言} \qquad (1)$$

の形になる（Tとyをつなぐ符号として便宜上＊をつかう）。

体言には**名詞**（M）と**副詞**（H）、用言には**動詞**（d）と**形容詞**（k）がなり得る。

$$T = M, H; \qquad y = d, k. \qquad (2)$$

たとえば、「きょう　ボクは　学校に　行った」は$(H, M_1, M_2) * d$の形をもち、「花が　美しい」は$M * k$である。

コトバの合成

「美しい花」、「歩く人」のように、用言は名詞を修飾して新しい名詞をつくる。これを$k \cdot M$, $d \cdot M$とあらわす。ひっくるめて

$$y \cdot M = M \qquad (3)$$

の形にまとめることができる。

また、副詞は形容詞、動詞、副詞を修飾して、それぞれ新しい形容詞、動詞、副詞をつくる。これを

$$H \times k = k, \quad H \times d = d, \quad H \times H = H \qquad (4)$$

のように合成記号×であらわそう。

日本語の一つの特色は、文がそのまま一つの新しい形容詞になり得ることである。

$$b = k. \qquad (5)$$

たとえば、「鼻が長い」という文($b = M*k$)は、それ自身が用言となって「象は鼻が長い」という文をつくる。つまり$M*(M*k)$の形である。

こうして、日本文は基本的には$T*y$の形をもつが、その構成要素であるT、yがまた(3)、(4)のような合成法則によってさらに単純な要素から合成されている。注意す

べきは、体言(T)と用言(y)とがこの順序で合成されると必ず用言(y)となり、用言(y)と名詞(M)の順序で合成されると名詞(M)になることである。すなわち、

$$T*y=y,\quad T\times y=y;\quad y\cdot M=M. \qquad (6)$$

「許可なく　構内に　駐車を　禁ず」という制札を見て、いささか奇妙な感じを受けたことがある。これは、単語がHHMdの順序にならんでいるために、日本語の構造上「許可なく」が「禁ず」にかからざるを得ないからである。たとえば、「……駐車**すること**を……」または「許可な**き**構内**の**……」とかえれば、日本語として正しい構造をもつようになる。つまり前者では$\{H\times(H\times d)\}\cdot M*d$, 後者では$\{k\cdot(k\cdot M)\}*d$になる。

形容詞の変化

フランス語やドイツ語を勉強しようとすると、まず動詞の変化のめんどうなのにヘキエキさせられる。ロシア語では、形容詞や名詞の変化がたいへんだ。日本語はどうだろうか。日本語では、変化するのは用言すなわち形容詞と動詞(助動詞も含めて)だ

表1　形容詞の変化

	単　純	複　合	
現在形	――i	――da (終止形)	――na (連体形)
副詞形	――ku	――de (状態形)	――ni (動作形)
名詞形	――sa	――sa	
仮定形	――kereba		――nara
過去形	――katta	――datta	
推量形	――karô	――darô	
語幹の例	大き,美し,はや	立派,壮大,健康,すこやか	

けだといえる。まず形容詞を考えよう。

形容詞には、「大きい」、「美しい」のような本来の形容詞と、「立派な」、「壮大な」のような**名詞**プラス**な**の形の形容詞がある。これらをそれぞれ、**単純形容詞**、**複合形容詞**とよぼう。その変化は表1で示される。

動詞の変化

動詞の変化は**強変化**・**弱変化**・**混合変化**の三つに分類される(表2)。強変化は五段活用(文語の四段活用に対応)に相当し、弱変化は一段活用(文語の二段活用、一段活用に対応)、混合変化はいわゆる変格活用である。

強変化は語尾がa、e、i、o、uと五段に活用する。これに反して、弱変化は語幹が不変で、語尾に、**る**、**れば**、**ろ**、**よう**をつければよい。動詞が強変化をするかは、**否定形**を見ればすぐわかる。つまり、——a nai となれば強変化、——e nai または——i nai となれば弱変化である。したがって、外国人が日本語の動詞を記憶するには否定形でおぼえるのが好都合である。たとえば、「切る」と「着る」とはともに**現在形**（終止形）は kiru であるが、否定形では kira-nai, ki-nai であるから、前者は強変化、後者は弱変化である。なお、混合変化は**来る**、**する**の二語だけであるから、記憶するにもそうめんどうではない。

現在形は、T＊d の形であらわれる**終止形**と、d・M の形であらわれる**連体形**の両方に共通である。また、**名詞形**というのは、「泳ぎ」、「ひるね」、「こころみ」などを動詞の変化の一つの形態とみて、仮にこう名づけたのである。

動詞の過去形は、**連用形**に助動詞「**た**」をつければ得られる。ただしいわゆる**音便**のために、強変化動詞では表3のように語尾が変化する。その変わり方は、助詞「**て**」が連用形につくときとまったく同じであるのはおもしろい。

動詞の連用形を記憶するには、**ていねい形**の助動詞「**ます**」をつけておぼえるのが、外国人には便利であろう。

表2　動詞の変化

	強変化	弱変化	混合変化	
否定形	——a nai	——nai	konai	sinai
(可能・受身・尊敬)	reru	rareru	korareru	sareru
現在形	——u	——ru	kuru	suru
名詞形・連用形	——i	——		
(ていねい形)	masu	masu	kimasu	simasu
仮定形	——eba	——reba	kureba	sureba
意志形	——ô	——yô	koyô	siyô
命令形	——e!	——ro!	koi!	siro!

表3　動詞の連用形の音便

	連用形	過去形	状態形	例
弱変化・混合変化	——	——ta	——te	みる，ねる くる，する
強変化	——si	——sita	——site	かす，はなす
	——ki	——ita	——ite	あく，かわく
	——gi	——ida	——ide	かぐ，さわぐ
	——(w)i* ——ti ——ri	——tta	——tte	かう，さまよう たつ，そだつ とる，なぐる
	——bi ——mi ——ni	——nda	——nde	とぶ，ころぶ あむ，たのむ いぬ，しぬ

* wi, wu, we, wo は，い，う，え，お，と発音されるから，w は省略する．

動詞、形容詞のほかに、変化するコトバとしては**助動詞**がある。否定を意味する「**ぬ**」、「**ない**」、可能を意味する「**る**」(弱変化動詞の現在形につく)、可能・受身・尊敬をあらわす「**れる**」(強変化動詞の否定形につく)、「**られる**」(弱変化および混合変化動詞の否定形につく)、意志・推量を意味する「**う**」、「**よう**」、ていねい形をあらわす「**ます**」、「**です**」などである。「**ない**」は形容詞、「**る**」、「**れる**」、「**られる**」は弱変化動詞と実際上同じである。「**う**」、「**よう**」は変化せず、「**ぬ**」、「**です**」、「**ます**」の変化はかんたんである。

けっきょく、日本語の変化はそう毛嫌いするほどやっかいなものではない。

四　日本語の文の構造――第一近似

日本語の単語の変化については、いわば第一近似の議論を行なったので、文の構造についても、前述の第0近似をもうすこし精密にしておこう。

たとえば、「先生が　生徒に　本を　やる」は、第0近似では(M_1, M_2, M_3) ＊d の構造をもつといってもよいが、これはいささか粗雑すぎるようだ。「先生が」の「**が**」、

「生徒に」の「に」、「本を」の「を」は、もちろん助詞として周知のものである。そこで、助詞を·jであらわすことにして、上の文を(M_1j_1, M_2j_2, M_3j_3)＊dと分析すると、すこし精密になったように見える。ここでおもしろいのは、「先生が」「生徒に」「本を」の順序を入れかえても、上の文は日本語として十分通用することである。つまり、(M_2j_2, M_1j_1, M_3j_3)＊d, (M_1j_1, M_3j_3, M_2j_2)＊dなどは、上と同じ意味をもつ正しい日本文である。英語やフランス語では、こういう器用なまねはできない。要するに、日本語では、主語、目的語、補語などを(文法上の形式としては)厳密に区別する必要はない。「登場人物」の相互関係を助詞という補助的なコトバで示せば足りる。相互関係が明らかなばあいには、助詞の必要もない。「キミ　この本　読んだ？」は、厳密居士にいわせると「キミはこの本を読んだか？」とすべきかも知れない。しかし、これでは生きた会話文とはいえないと思う。構造上は、これらの文はそれぞれ(M_1, M_2)＊d, (M_1j_1, M_2j_2)＊dであるが、内容的にはまったく同じである。

さて、「きょう　学校に　行く」は(H, Mj)＊dのように分析されるが、順序を変えて(Mj, H)＊dのように話すこともできる。この点で、HとMjとは同等であると考えられる。つまり、名詞に助詞をつけると副詞と同じ働きをする。

$$Mj = H. \qquad (7)$$

したがって、$(M_1 j_1, M_2 j_2, M_3 j_3)$ ＊dは、構造上は(H_1, H_2, H_3) ＊dと同じで、簡単に書けばH＊dの形になる。すなわち、用言dを副詞Hが修飾していると考えてもよい。この意味で、(4)によって

$$b = H*d = H \times d = d$$

の等式関係が成り立つ。つまり、文は用言であると考えられるのである（このことは、すでに(5)で述べた）。逆に、用言だけで文になるばあいもある。火の気のない部屋に入ったとき

「寒い」k：「非常に寒い」H×k

などというのはこの例である。

「ボクの本」、「健康な人」のように、名詞と名詞とを結んで、はじめの名詞に形容詞的な働きをさせる助詞がある。この働きは、形式的には

$$M_1 j M_2 = M \quad (8)$$

であらわされる。

「が」と「は」のちがい

「雨が降る」、「雨は降る」。「ボクは山田です」、「ボクが山田です」。これらの文を見ると、助詞「**が**」、「**は**」は両方とも主語を示すけれども、文のニュアンスに大きいちがいのあることは明らかである。しかし、どこがちがうかを明確に述べることはなかなかむずかしい。日本人には長年の習慣で、「が」と「は」の使い分けはきわめて容易であるが、外国人には多分おそろしく困難であろう。

実は、「**は**」は主格を示す助詞ではなく、**他と区別する**意味をもつ助詞と解釈すべきである。このことは「**で**」、「**に**」、「**と**」などの助詞を、それと「**は**」とを合成してできた助詞「**では**」、「**には**」、「**とは**」に対比すると容易にうなずけるであろう。いわば、「が」は用言と**密着**するのに対して、「は」は**分離**した感じをもつ。そこで、体言と用言が「は」によって結ばれているばあいには、符号〈・・〉を使うことにする。そうすると、「雨が降る」、「雨は降る」はそれぞれ$M*d$, $M:d$となり、「ボクは酒が好きだ」は$M_1:(M_2*k)$、「ボクは酒は好きだ」は$M_1:(M_2:k)$または$(M_1, M_2):k$となる。

また、「雨が降る日は天気が悪い」は$\{(M_1*d)\cdot M_2\}:(M_3*k)$であらわされよう。

合成記号〈・・〉は、複文のばあいに用いても便利である。たとえば、「あす天気がよければ、ボクは学校に行く」は

$$\{H\times(M_1*k)\}:\{M_2:(M_3*d)\}$$

のように分析される。

五　日本語は冗長度が小さい

A　きのう野球見た?

B　うん、なかなかおもしろかったよ。

この対話では、主語ははっきりとは言明されていない(英語などではこういう構文は見られない)。しかし、「野球を見た人」がB氏であり、「おもしろい」のは野球であ

ることは明らかである。こういうばあい、日本語では、ふつう主語を明言しない。主語を述べると、むしろクドクなりホンヤク調になる。英語でも、日記文では主語の〈I〉を**省略してもよい**といわれる。つまり、文法的には主語を明言するべきだが、許容事項として省略を認めるというのである。日本語ではどうだろう? 筆者の感じでは、上の対話は、主語がなくても文法的に正しい。それは、話し手の意志を誤りなく伝達するからである。もしもアイマイさを生ずるおそれのあるばあいには、必要に応じて、主語、目的語などを付け加える。さらに、助詞を使って「登場人物・舞台装置」相互の関係を明瞭にする。すなわち**アイマイさのない限り簡潔**であるのが日本文の原則である。とくに、敬語を使うばあいには、登場人物の相互関係が明瞭になるので、ボク、キミ、アナタなどの代名詞がまったく不必要になることは重要である。結論として、日本語の文法の原則として

(1) 文の内容にアイマイさがないこと
(2) 冗長さ(redundancy)を避けること
(3) 文はT＊yの構造をもつこと

を挙げればよいかと思う。

(1)、(2)は、日本語に限らず、およそ「理想的な言語」の当然満たすべき条件である。フランス語やドイツ語に見られる単・複の区別、形容詞・名詞の変化などは、(1)の原則に忠実なあまり、(2)を損なった例と考えられる。するとけっきょく、日本語の特色は(3)の構造上の規則にあるといえるかも知れない。

（ロゲルギストI_2）

後記

最近、三上章氏の近著『日本語の構文』（くろしお出版、一九六三）を読み、拙論の要点が紹介されていることを知った。専門学者の共感を得たことを喜び、同氏に厚く感謝する次第である。（一九六四年四月）

斜め向きに歩こう

ロゲルギストの例会の数日前、メンバーのC氏から突然電話がかかってきた。「ある新聞広告で見たんだがね、ヨットは風下に行くより風上に向かう方がスピードが出るというんだ。そんなバカな話はないと思うのだが、キミはどう思う?」というのである。

なるほど、逆風のときでも、ジグザグのコースをとれば帆船でも風上に航行できることは先刻ご承知のとおりであるけれども、順風満帆のときよりも逆風の方が速く走れるというのはちょっとおかしい。しかし、新聞広告にそうデタラメをいうわけはないだろうし……、これは例会までの宿題にしてほしい、ということで電話を切った。

一　帆かけ船は風上に進めるか?

A　この間のヨットの話ね。どうも新聞広告が正しいようですよ。

C　本当ですか、そんなはずはないと思うんですがね。第一、運動量保存の法則に反するようだし……、風に逆らっていく方が速いなんて……。

B　ああ、例の帆かけ船が風上に進めるのはなぜか、という話なんだろう。運動量のパラドックス……。

A　いや、風上に進むという説明はかんたんなんだが、C君の問題は別なんだ。順風よりも逆風の方がヨットは好都合だというのがおかしい、ということですよ。

C　実際ボクの経験では、風上に向かうときには風が強く当たる。それで速く走っているように感じるのではないかな。海水に対するヨットの速度は、やっぱり順風のときの方が絶対に速いと思うよ。しかし、まあ、A君の説明というのを聞かせてくれませんか。

A　要するに、帆に働く風の力は飛行機の翼の受ける力と同じだというわけです。風に対して帆が斜めに張ってあると、風向きに働く力、すなわち抵抗のほかに、風と直角の方向に揚力が働く。しかもこの揚力が抵抗より断然大きくなり得るということがひとつ。風の力は速度の二乗に比例して大きくなる。そして帆の受ける力は、帆に相対的な風速——船が動いているから真の風速とはちがっている——できまるということがもうひとつ。この二点を考えると、C君の疑問はすぐ解消するでしょう。

D　なんだかむずかしそうだな。しかし、その帆かけ船のパラドックスだったかな、それをひとつ……。

B　正確にいえば帆かけ船ではないが、たとえば、船に大きな風車をつける。船尾にはスクリューをつけ、風車が回ればその回転をスクリューに伝えるように装置する。風が吹けばスクリューが回り、船が動くというわけだ。これなら、順風であろうが逆風であろうが、船はいつでも好きな方向に走れるだろう。

D　なるほど、風上に進むばあいでいえば、風の与える運動量と逆の向きに船が動くというわけか。まさにパラドックスだね。

C　ついでに、風車をもっと強力にして発電機でも回して動力をとり、余った分でスクリューを回すことにすれば……。どうも話がうますぎて永久運動くさいね、アハハ……。

B いや、永久運動じゃないよ。原理的には可能な話だと思うね。かりに船がイカリをおろして停泊していたとしよう。風車を回して電気をとるのは、ご承知のとおり風力発電で、もちろん十分可能性がある。要するに風の運動エネルギーを電力に変換するだけの話だから、エネルギーの原理には全く矛盾しない。さて、蓄電池か何かでシコタマ電力をためたところでイカリをあげ、今度はその電力でスクリューを回してやれば、どこでも好きなところへ船を動かすことができるわけだ。

A すると、イカリをあげたりおろしたりする手間をはぶいて、風車をスクリューに直結しても、望みどおり船は動いてくれるだろう。原理的にはあえて不可能ではない。

D でも、風に逆らって進めるかどうか心配だが……。

B その点は大丈夫。風車にはもちろん大きい風力が働いているけれども、その力の方向は、ふしぎかも知れないが風の方向ではなくて、だいたい風車の回転方向で、船の進行をさまたげる成分はわりに小さい。スクリューの推進力で十分まかなえる。

さて、運動量保存の点を納得するために次のようなモデルを考えてみたんだが、どうだろう。図1のように、滑らかな机の上に貨幣を二個おいて(A、B)、右の方から別の二個の貨幣C_1、C_2をぶつけてやる。BがAに衝突すると、Aはもちろん左の方に動き出すが、AがBより重ければ、Bは右に向かってはねかえる。つまり、BはC_1、C_2のはじめの向きと逆向きに動き出すわけだ。C_1、C_2を空気、Bを船、Aを海水と考えれば、風に逆らって船の進む有様が想像できるだろう。

D けっきょく、船の前進の運動量に見合うだけのものは海水が引き受けてくれる、ということなんだね。

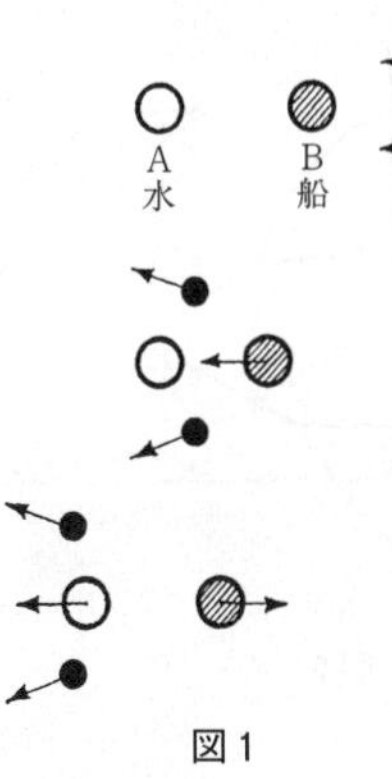

図1

A さて、C君の問題にかえりますが、図2を見てくれたまえ。(a)はふつうの「帆かけ船」が帆に風をいっぱいにはらんで斜めに走っているところを示したもので、風の力Fの進行方向の成分Zが船の前進力を与える。横方向の成分Yは水の抵抗でほとんど打ち消される。(b)は「ヨット」が風上に進

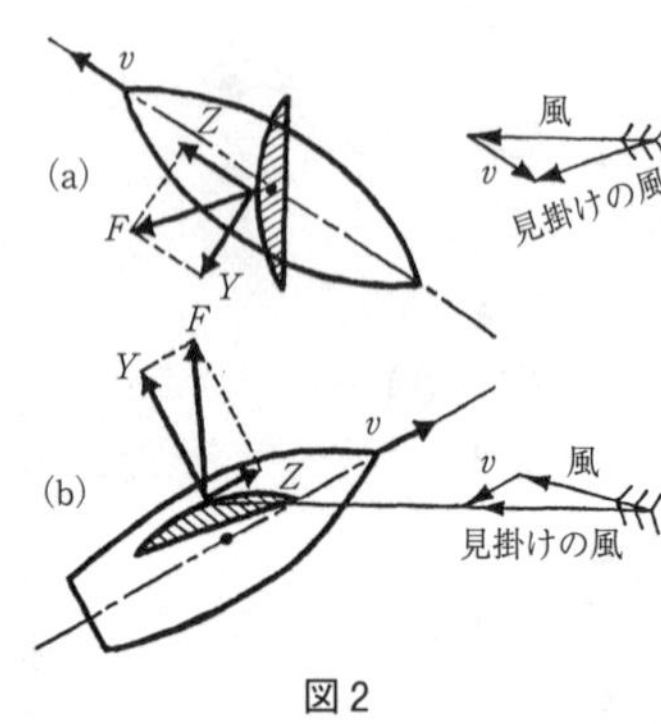

図2

むばあいで、帆の張り方に注意してくれたまえ。飛行機の翼のように、風に対してほとんど直角の方向に大きい力Fが働いていて、船の進行方向の成分Zをもっている。この力Zのためにヨットは風に逆らって走れるわけだ。もうひとつ大切なのは、ヨットが走っているために、帆に当たる風の速度は見掛け上、真の風速より大きくなっていることです。

C　順風を受けるときには、見掛けの風速は逆に減るわけですね。なるほど、それでは前進力も減るわけだ。

D　そう。極端なばあい、真うしろから風を受けているとすると、いくら頑張っても風速以上の速度は出せないはずですね。順風でも帆はタルミきりというわけで……。

A　そうかといって、真正面から風にぶつかっていくことはむろん不可能です。ふつう風上に向かって三〇~四〇度の角度までは走れるそうですよ。図3は六メートル級のヨットが一二ノットの速さの風を受けて走るとき、進行方向によってスピードがどうちがうかを示したものです。破線はふつうのヨット、実線はスピードを増すために特に軽量に設計したとして予想されるもの。おもしろいのは、ふつうのヨットでは、風上方向から四〇度以内に入らない限りは、どの方向に走ってもほとんどスピードが変わらないこと。また、理想的に設計すれば、風の一倍半のスピードが出せ、しかも風を真横に受けるような方向が一番好都合なことです。

C というと、風下に行くより風上に向かう方がスピードが出るという例の新聞広告は必ずしも当たっていないね。

B いや、そうでもないよ。理想的なヨットなら、風下が一番わるそうだ……、完全な逆風のばあいは別ですがね。けっきょく、横を向いて歩こう、いや、一般的には「斜め向きに歩こう」ということになるね。

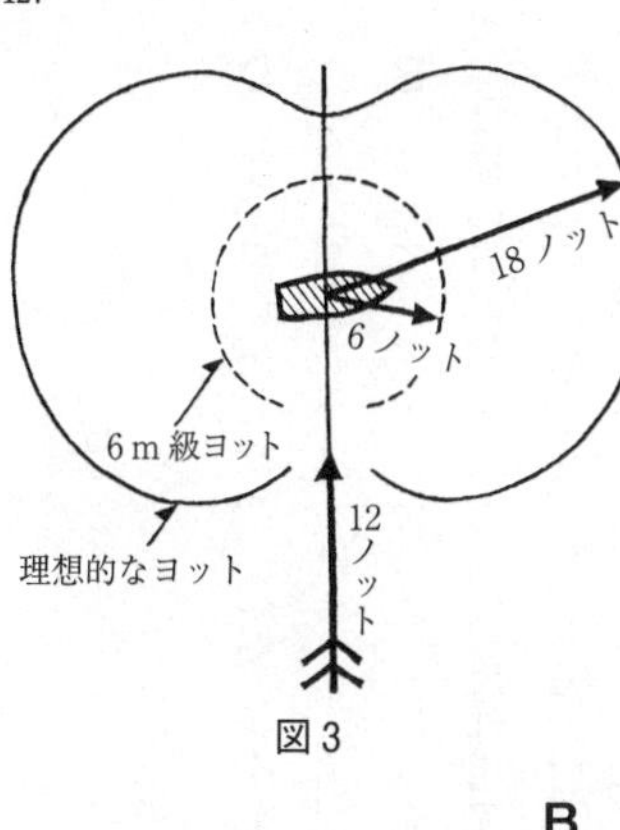

図3

二　「ろ」とオール

D　船で思い出したが、和船とボートで漕ぎ方がちがうのはおもしろいね。一方は「ろ」を押すし、一方はオールを引く。

B　そして、オールは真うしろに水をかいて、その反作用で推進力を得るのに、「ろ」は横の方に動かして、その反作用で……待てよ、ちょっと変だな。横に動かした反作用なら、船が左右にゆれるだけじゃないか。どうして前進力が出るんだろう。

A　うん、おもしろいな。これは、さっきの帆かけ船とヨットの帆の働きのちがいと同じですよ。つまり、一方は抵抗、一方は揚力を利用する。もし、揚力を利用する方が進歩しているというなら、オールより「ろ」の方が優秀だということになる。

C　「ろ」は「斜め向きに歩こう」だしね。アハハハ……。

D　推進作用といえば、昔の黒船、例の外輪船のは水車ですね。あれはオールを機械的にグルグル回しているようなもので、すこぶる原始的だ。それに比べると、スクリューは和船の「ろ」の機械化に相当するわけですか。

B　何かの本で、水島の水軍ですか、瀬戸内海で昔大活躍した海賊がスクリューを発明したという話を読んだことがありますが、「ろ」からスクリューへはごく自然な発展なんですね。

A　ボクは、少なくとも流体力学的には「ろ」はオールよりずっとすぐれていると思いますよ。第一、魚を見てもオール式に泳ぐやつはいない。もっとも、「ろ」そのままのもいませんがね。しかし、体を左右に曲げて泳ぐのは、いわば「ろ」の変形とも考えられるでしょう。

C　胸びれを使って泳ぐのは？

A　それはオール式だが、スピードを出すときはいつでも、体から尾びれまでを左右にひねって泳ぎますよ。

C　そんなに「ろ」の方が優秀だというのなら、ひとつ、八丁櫓(ろ)とエイトでボートレースをやったらどうですか。

A　それはおもしろい。「ろ」を押すときは姿勢が高いので船の安定性が悪くなりますが、そこを何とか工夫すれば案外いけるんじゃないかな。

三　推進力はなぜできる？

B　「ろ」は揚力を利用するとか、魚の泳ぎ方は「ろ」式だとかいわれますが、その説明をちょっとしてくれませんか。

A　それでは、簡単なモデルを使って説明しましょう。いま、水の流れの中で板が左右に振動しているとします(図4)。図のように板が下向きに動いているときには、左から流れてきた水は、板に相対的には見掛け上、斜め上向きに流れるようになり、板に働く力Fは——揚力は見掛けの流速に対して直角ですから——前向きの成分Zをもちます。つまり、板には前進力が働きます。板が上向きに動いているときには、横方向の力の成分Yが下向きに変わるだけで、やはり流れに逆らうような力Zを生じます。けっきょく、上下どちらに動くときでも前進力が得られるわけです。その大きさは、もちろん、見掛けの流速の二乗に比例するし、板の横方向の速度vが大きいほど大きい。見掛けの流速の傾きがふえるから。

B　流れの中で板が振動するかわりに、静止している水の中を板が振動しながら動いても同じですね。つまり、振動によって自動的に推進力がつくというわけですね。

C なるほど！　鳥が飛ぶのも同じか。上下に羽ばたきしているだけで前進力ができるとは思わなかった！

D しかし変だな。板なり鳥なりが、最初からある速さで動いているとすれば、たしかに前進力が働くことになるが、飛び出し始めはどうだろう。バタバタ上下に羽を動かしているだけでは推進力がつくはずがないと思うが。

A もちろん、そうですよ。飛び出すときには、地面をけるとか、木の上から飛び降りるとかして勢いをつけなければ駄目です。それに、やはり最初は羽を後方にたたきつけるようにしてスピードをつけるのでしょうね。

C 前進力はよいとして、鳥が空中に浮かぶのはどうなんです。図4の上向きの力Yで重量を支えることは、むろんよくわかりますが、羽を上向きに動かすときには逆に下向きの力が働くというんでしょう。それじゃ鳥は落っこっちゃう。

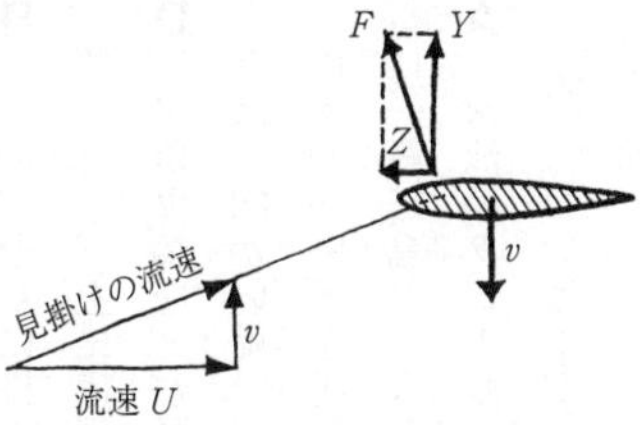

図4

B　いや、それには羽ばたく速さ v を上向きと下向きとで変えてやればよい。下には強く打ち、上には軽く引き上げる。実際、鳥はそうやって飛んでいるようだ。

D　アホウ鳥などが飛び立つときは、風に向かって飛び出すそうですね。いままでボクは、向かい風で揚力をつけるためだとばかり思っていたが、前進力をつけるためにも向かい風が必要なんだね。羽ばたくだけで揚力と前進力が得られるとは、まさに一石二鳥というところですね。

A　水泳のクロールだってそうだろう。バタ足でからだを水平に保つ。それと同時に「ろ」式に前進力が得られる。しかもスピードに乗れば、バタ足の推進力はますます増加する。

C　手の方はオールの作用をするし……、クロールというのは推進方式を総動員しているわけか。

D　いま、おもしろいことに気がついたんだが、図4の板や鳥は、風上に向かって真一文字に進んでいくヨットみたいなもんだね。A君の話では、ヨットは風上方向から三〇～四〇度以内には進めないとかだったけれど……。

A　いや、完全に真一文字というわけではないよ。左右に振動しているというのは、要するに、ジグザグ運動を小刻みにやっていることなんだから。

B　さて、いまの話と「ろ」や魚の泳ぎとの関係はどうなんだい。

A　モデルが簡単すぎてわかりにくかったかな。実は、この図の板は、「ろ」の切り口のつもりだったんだ。形はちょっとちがうようだが、原理的にはまあ同じです。これからよろしく想像してくれたまえ。それから、魚の方は、からだをくねらせるので、この板のようにかたくて変形しないものとはちょっとちがうが、推進力の生ずる理由は原理的には同じだ。いや、滑らかにからだを動かせるだけに、かたい板よりもずっと能率的なようだ。

C　実際、水族館で魚の泳いでいるのを見ていると楽しくなるね。人間様も魚に見習って能率のよい交通機関をつくれば、と思うよ。

四　斜め向きに歩こう

C　風上に走るヨットなどというと、どうもわれわれ人間にはパラドックスめいて聞こえるが、流れに逆らって泳ぐことは魚にとってはしごく当たり前のことなんだろうな。流れが物体に及ぼす力には、抵抗のほかに揚力がある。そういわれてみればそうだが、どうもまだピンとこない。これは一体どういうわけなんだろう。

D　それは環境のしからしむるところだ、とボクはいいたいね。そもそも、赤ん坊のときから人間は固体だけを相手にしている。だから、体験で得た力学の法則は、まず質点か剛体に関するものだ。たとえば、何か物を押すと、それは押した方向に動く。直接その物を押さなくても、石などをぶつけてやると、やっぱりそのぶつけた方向に動くだろう。これが、いわばわれわれの体得した知識だ。揚力のように横向きに力が働いたり、まして、ぶつけられた相手が手前にやってくるようなことはほとんど経験しないといえるだろう。揚力や推進力が奇妙に感じられるのは、こんなところに原因があるように思えるんですがね。鳥や魚は生まれたときから空気や水を相手にして生きているので、彼らの体験的力学法則はおそらく流体力学的なものでしょう。魚にはむしろ揚力がふつうで、抵抗などは異常なものとしか感じられないのではないかしら。

B　だから、こわい者がくると、人間なら真うしろに足をけってかけ出すだろうし、魚なら尾びれを横に振って逃げ出すということになる。力はいつでも横向きに働くもんだと思っているかも知れないね、魚は。

A　生活経験といえば、登山のときなど、真直ぐに山頂を目指して登らず斜めに歩いていくのは、時間と体力の消耗を最小にしようとするためですね。ところが、力学をはじめて勉強するときに、「仕事」の概念の説明に、よく坂道を荷車を引いて上がる画を見せられて、同じ高さまで上がるのに必要な仕事は同じだ、というようなことを教えられる。なるほど、重力に対してする仕事はどんな坂道を通っても同じはずなんだが、体験にはどうも合わないような気がしてこまったものです。これは、人間の感じる疲労感、つまり成しとげたと感じる仕事の量と重力に対してする力学的な仕事量が一致しない点に原因があるのだと思う。自動車道路を歩いて山に登るのと、近道をしていくのとで仕事が同じだとは、とても考えられない。

C　それにはボクも同意見だ。第一、坂道を下るときでも結構くたびれるしね。つまり、からだの重心を持ち上げるために必要な仕事に比べて、からだを動かすだけで必要な仕事がかなり大きいので、重力に対する仕事という実感がわかないのだろう。

B　いや、そうでもないよ。エスカレーターを歩いて上ったり下ったりしてみたまえ。

速く上れるかわりに、足に力がはいって、いかにも仕事をしているような気分になるよ。逆に、おりるときにはフワッとした重力喪失感が味わえるし……。

A　まあとにかく、坂を登るときには適当な角度で斜め向きに歩くのが好都合だといえますね。

B、**C**、**D**　あ、それがいいたかったのか。

A　ところで、飛行機の後退翼というのを知っていますね(図5)。どうして、あんな形にするかわかりますか?

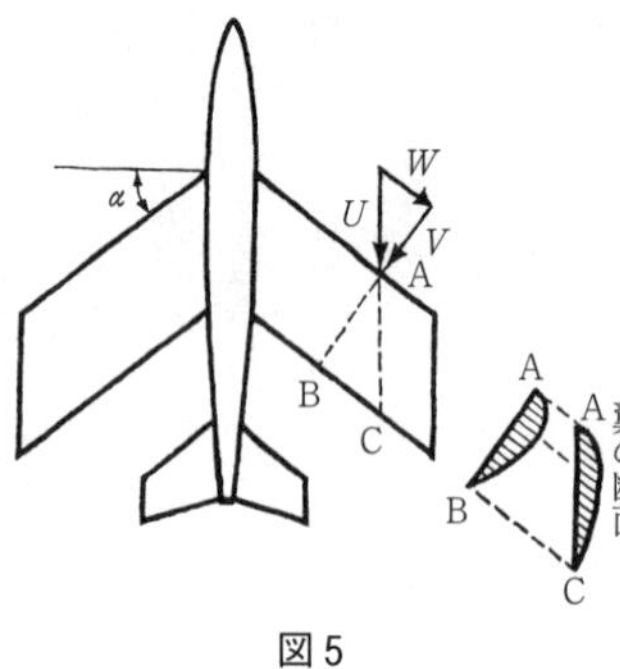

図5

B　ええ。あれは高速の飛行機によく使われる形ですね。たしか、飛行機のスピードが音の速さに近くなると、空気の圧縮性の影響がきいてきて、衝撃波が発生する。そのため翼には非常に大きい抵抗が働く。それを避けるには、非常に薄い翼を使う必要がある、というんでしたね。それでっと、図のように、翼を斜めうしろ向きにつけると——その角度αが後退角ですね——空気はACのように流れる。後退角をつけないときには、空気はＡＢのように流れるはずだから、そのときよりは翼の断面形は見掛け上薄くなっている。したがって翼の受ける抵抗も小さい。つまり、さっきの坂道を斜めに上る手を使っているわけですね。

Ｃ、Ｄ　なるほど。うまいね。

Ａ　と、いうだろうと思った。ところが、さにあらずだ。実は、図５で、飛行機に対して速度Uで流れてきた空気は、翼に直角方向の速度Vと、翼幅方向の速度Wとをもっている。翼幅方向には気流があってもなくても事情は変わらないから、その影響は考えなくてよい。そうすると、けっきょく翼には速度Vで気流が当たるだけだと考えればよい。飛行機の速度Uが音速に近くても、Vはそれよりずっと小さくなるから圧縮性の影響があまり現われないことになる。たとえば、後退角αが四五度なら$V=0.71U$、αが六〇度なら$V=0.5U$というわけだ。つまりマッハ一・四の超音速飛行をしていても、後退角六〇度の飛行機では、翼に当たる気流は実質的にはマッハ〇・七にしかならない。Ｂ君の説明では、翼の見掛けの厚みが減るというだけで、「音速の壁」をこえたということにはなりませんよ。

Ｃ、Ｄ　斜面の話をしておいて「わな」をかけるとは、キミも人がわるいね。

A　いや、「斜め向きに歩こう」の有効性にも、いろいろ違った理由があることをいいたかったのですよ。

（ロゲルギストI_2）

数理倫理学序説

一

旧制高校で倫理の講義があった。私がおぼえているのは、黒のガウンを着たS先生の姿と、教室の入り口で羽織ハカマの老人が出欠をとっていたことだけで、かんじんの内容については自分でもふしぎなぐらい記憶がない。

小学校の修身に関しては、お芝居の世界のエピソード集というような印象がかなりはっきり残っている。私は、小学校の後半を熊本で過ごした。昭和のはじめである。学校の催しで、近所の小屋で、戦争劇——劇中、戦場の場面になると、舞台中央に白い幕が垂れ下がってきて映画がはじまった——を見たことがある。その印象と修身の記憶とが奇妙に溶け合っているのである。

中学でも何か倫理というような授業があったのかしらん……。

これらの授業は、人はどういうことをするべきだとか、してはいけないとか、そんなことを教えようとするものだったに違いないが、どうも、私自身に関するかぎり、まったくの無駄骨折りに終わったようだ。一つの理由は、生身(なまみ)の人間の心をゆり動かすのは、自分自身の体験か、眼の前に見る事実か、あるいは人生をきびしく見据えた文学だけで、教科書的な叙述は無力だからだろう。もう一つの理由は、これらの授業が、現実にぶつかって、あることをなすべきかどうかを判断する「知恵」を与えてくれなかった点にあると思う。公式的な是非善悪の別はことごとく教壇で説くほどのこともない。必要なのは岐路に立って左右を誤らぬ知恵なのだが、その点で私達を「なるほど……」とうなずかせる力が、これらの授業には欠けていた。

戦後、人間の行動の規範に関する教育は社会科の一部(あるいは新設の「道徳」という奇妙な名前の学科)でおこなわれるようになり、その内容も一新したらしい。しかし私は、教科書にたよるかぎり、たとえ「忠君愛国」を「人間性の尊重」でおきかえても、依然として人を感動させることは期待できまいと思う。これらの授業では、果たして、上記の意味での人生の知恵――右すべきか左すべきかを判断する規範――が生徒に与えられ、その演習が課されているだろうか。

そういう知恵の一つとしてぜひ教えるべきものは、統計や確率にもとづいてものごとを判断する仕方であろう。私の考えでは、確率は、人間が行動をきめる上の大切な基準の一つとして、数学で教えるよりも先に、まず倫理学や社会科でとりあげるべき題材なのである。

二

いま述べたことの具体的な説明としていくつかの例を引いてみよう。

こどもが重い病気になったとする。医師が、「手術しなければ七〇パーセントまでは不幸な転帰をたどるだろう。さいわい、最近、新しい手術法が発明され、五〇例中三〇例は成功、全快した。ただし残りのうち五例では、おそらく手術が原因で、不幸な結果をみた。どうしますか」と聞く。親はこどもに手術を受けさせるべきかどうか。

「べき」という中には、子を思う親のやや功利的な計算もはいっていようし、それが「人間として正しい行為であるかどうか」という倫理の問題もはいっている。

実は、いまの医師の説明は、手術をした場合、しない場合の危険率を推定・比較するのに十分なだけのデータを提供しているとはいえない。「手術をしなければ」という中にもいろいろ手当ての方法があり、それぞれ成功の確率がちがうだろう。また手術例五〇というのはどこの病院での話なのか。担当の医師自身は何例を経験したのか……。しかし、いま私がいいたいのは、こういう場合に何を質問し、どういう順序で考えを進めて結論を下すべきか、その判断の筋道——知恵——を、基礎教育の課程でぜひ教える必要がある、そしてその教育は——そういう教育こそ——社会科とか倫理とかの課目でおこなわれるべきものだ、ということなのである。

先年日本にきた物理学者A氏夫妻は、北海道から東京に帰るとき、夫妻別々の飛行機に乗った。「こどもに対する自分たちの義務として、二人が同時に死んでしまう確率を小さくするために」こうするのだというのがその言い分だった。「数理倫理学」的にみごとに筋のとおった考えである。

しかし、もし飛行機事故の確率がじゅうぶん小さいとすれば、夫妻の配慮は無用といえよう。事故の確率がどれぐらい小さければ、A氏夫妻は、良心のうずきから解放されて同伴の空の旅をたのしんでよろしいか。これが私の提出する第二の例題である。この場合、「事故の確率」は、「統計的な事故率」と読みかえてまず差し支えない。事故の確率がいくら以下であれば倫理的・社会的な意味でそれを無視してよろしいか、君子危うきをおかしてよろしいか、その限界値——閾値(いきち)——はどういう原理によってきめられるか、これは、実は、この分野の根本問題である。

同じカテゴリーの例題をもう一つあげよう。ここ二、三年のあいだに大きな鉱山事故がいくつかあった。鉱山の作業に附随する危険を絶無(確率ゼロ)にすることは、客観的に見て不可能である。それでは、作業方式の改良、保安設備の充実などによって坑内作業の危険率をどれだけにおさえれば、労働者を坑内に送ることが倫理的に正当化されるか。

問題の本質は、危険率ゼロという条件は実現できないという点にある。この事実から目をそむけてはいけない。ゼロを目標にすることは、たいへん美しく、人道主義的なように聞こえる。しかしそれは、感傷を満足させるだけで、内実は狡猾な逃げ道であることが多い。すべての鉱山経営者は、事故の「根絶」を期していると答えるだろう！　ゼロという空想的目標の代わりに、許し得る危険率の上限が定められ、その鉱山における統計に照らして*倫理的ないし法的な責任がきびしく追及されることになれば、保安に対する関心はかえって切実なものとならざるを得ないのである。

＊　統計との照合は、もちろん、統計数値の確率的変動を考慮に入れた数理統計学の方法論にしたがわなければならない（第五節参照）。

いま述べた型の問題は、私たち自然科学者や工学者にも無縁でない。すべての進歩はいくらかの危険をともなうのが原則である。何年か前に、原子炉の研究、あるいは原子炉を利用する研究に附随する危険が社会の関心を呼んだことは読者の記憶に新たであろう。その危険が一般に感じられていたよりもずっと小さいことは保証してもいいように思うが、とにかくゼロでないこと、また数学的な意味で厳密にゼロにはできるはずがないことは明らかだ。しかし、最も実用的な面だけをみても、地球上の石油と天然ガスを使い果たすのが約百年後という見通しの立っている現在、*最も可能性の高い未来のエネルギー源の一つの開発を進めないわけにはゆかないのである。原子炉の研究・開発の作業は、周囲に及ぼすかもしれない危険をどれだけにおさえれば、倫理的に是認され、研究者の心にかげりを残さないですむようになるのか。

* 押田勇雄著『太陽エネルギー』(日刊工業新聞社、一九五八)参照。

三

前節で見られたように、確率を目安にして行為の当否を決すべき問題は人生に意外に多い。しかし、その決定に当たって拠るべき原理は十分に論じられたことがない。

私は、そこで必要な判断の論理の技術的な面は、数理統計学の発達によってほとんどできあがっていると思う。しかし、最も根本的な、「ある特定の行為は、それにともなう危険の確率がいくら以下であれば、倫理的に容認できるか」という設問に答えてくれる倫理学者を知らないのである。これに答えるべき思想の体系を、判断の方法論までもふくめて、かりに「数理倫理学」と呼ばせてもらおう。前節の例題の論点を倫理のカテゴリーに入れることには、あるいは、「拡張解釈が過ぎる」という反対があるかもしれない。しかし、これらはまさに「人として、あることをなすべきか、否か」を問う問題である。

私のシロウト考えでは、いままでの倫理学は、善か悪か、黒か白かという二元の世界に立っている。それはいわば絶対の規範である。ある行為が、不幸な偶然のつみかさなりの結果として他人に重大な迷惑をおよぼした場合でも、責めはすべてその行為をした「人」にあった。——情状酌量はあり得た。しかしそれは、論理的でない、あいまいな根拠に立つものであった。

倫理の世界に確率という測度を導入する数理倫理学の立場は、たとえていえば、黒と白との間に、こまかく明るさの変わる灰色の段階を置くようなものだ。ある限度を越さぬ危険率のもとにある行動が容認される場合、それは、万一他人に不幸をもたらす結果に立ち至ったとしても、責めの一部が「偶然」に帰せられることを意味する。「人」の肩から「偶然」に転嫁される責任の割合は、その場合に容認された危険率から定量的に算出されるわけである。

無用の誤解を避けるために、この考え方は絶対論的倫理観を否定するものではないことを明らかにしておく必要がありそうだ。「偶然」は人力を超えたところにはじめて登場する役者である。人は、可能かつ有効な限界内で(その限界は許容危険率に関係する)最善を尽くさなければならない。この要請はあくまで絶対的である。しかし、その努力にもかかわらず、ある小さな確率で事故が起こることを予想せざるを得ない場合がある。その場合には、その危険を事前にはっきり容認しておいて、可能の限度を超えたところで起こる偶然の所為に対しては当事者をきれいさっぱりと免責しようではないか。推定される危険の確率がある程度より小さければ、たとえそれがゼロでなくても、その行為を倫理的に正当なものとはっきり認めようではないか。そのへんの取扱いを定量的にやれるようにしたいものだというのが私の主張なのである。

以上の議論ですべての基礎に置かれている「危険率」を客観的に評価することは必ずしも容易でない。場合によっては不可能なこともあるだろう。しかし、そうとうに多くの場合に、かなりに確実な根拠で、その推定ができそうに私には思える。医学の分野でも、防災科学の分野でも、数十年前とくらべてみれば、統計は格段によく整備されており、またその統計値を整理して確率を評価するための数学的手段も進歩している。私には、これらの知識を人の行動の規範を定めるために活用しないのは、実践倫理学者の怠慢であるとしか思えない。

四

「許し得る危険率」の上限をきめることが数理倫理学の根本問題であることを再説した。それに答える思想体系を準備することは私の能力外だが、その舞台に登場するはずの数値についてはいくらかの手がかりを提供できそうだ。数学者エミール・ボレルの所説を引用することから始めるのがいいかも知れない。クセジュ文庫におさめられた彼の小著『確率と生活』(平野次郎訳、白水社、一九五一)の第三章「無視できる諸確率および実生活における諸確率」の前半で彼のいうところを要約すると、次のような表ができる。

個人的尺度において無視できる確率 10^{-6}

地上的尺度において無視できる確率 10^{-15}

宇宙的尺度において無視できる確率 10^{-50}

いうまでもなく$10^{-6}=1/10^6=1/1{,}000{,}000$で、$10^{-6}$（一〇のマイナス六乗）は百万分の一を意味する。$10^{-15}$は千兆分の一である。

ところで、10^{-6}すなわち百万分の一という数字は、たまたま、大都会において市民が一日のうちに致命的な交通事故にあう確率とほぼ一致している。一九六四年の統計によると、東京都の人口は一〇五〇万、都内の交通事故死亡者数は一日平均二・九人、したがって都民一人が一日のうちに致命事故にあう確率は

$$2.9\div10{,}500{,}000 = 2.8\times10^{-7}.$$

いまここではケタ数だけを問題にするので、三倍や五倍のちがいは無視するから、これはほぼ10^{-6}とみてよろしい。世界の他の大都市における交通事故統計もこれと大差はない。

ところで、私などもふくめて大都会の住民は、自分もいつかは交通事故にあうかもしれないという可能性を十分認識している。しかし、だからといって、朝、うちを出るときに、今日はやられはしないかと頭を悩ませたりはしない。10^{-6}という確率の人生

における重さはちょうどそれぐらいのものなのだ。

別の例を引用すると、宝くじで高額の賞金を引きあてる確率がほぼ10^{-6}である。宝くじ当せんを将来の生活設計に組みこむのは、毎朝、今日は自動車にはねられはしないかと出渋るのとちょうど同じぐらいばかげている(娯楽としての宝くじの存在を否定しているのではない。宝くじを生活設計の要素として扱うのは愚の骨頂というだけである。その間の機微が、確率をまず社会科あるいは倫理の教材としてとりあげるべきゆえんなのだ)。

地球の人口は三〇億。ケタとして10^9である。したがって、いま述べたように、10^{-6}が個人的尺度で無視し得る確率だとすれば、

$$10^{-6} \div 10^9 = 10^{-6} \times 10^{-9} = 10^{-15}$$

すなわち千兆分の一を、一応、地上的尺度で無視し得る確率の目安にとることができよう。10^{-6}すなわち百万分の一の確率で起こる事象は、10^9人(一〇億人)についてみれば、平均として

$$10^{-6} \times 10^9 = 10^3$$

すなわち千人に起こり得る(一〇億人のひとがいまの大都会と同じ交通事情のなかで生活すれば、毎日千人が交通事故で死ぬ)ことになる。もし、ある事象の確率が10^{-15}(千兆分の一)だとすれば、その事象が10^{9}人(一〇億人)のなかの誰かに起こる確率は

$$10^{-15}\times10^{9}=10^{-6}$$

であって、これはまさに「個人的尺度において無視できる」確率である。10^{-15}は、うらとおもてがまったく同じにできた貨幣を投げたとき、五〇回続けておもてが出る確率だ。

「宇宙的尺度で無視し得る確率」10^{-50}の話は、ここでの私たちの話題とあまり関係がないから、次のような試算をお目にかけるにとどめておこう。文明発生以来、いくら長く見てもまだ一〇万年(3×10^{12}秒)は経っていないだろう。この間、地上に常に一〇億人(10^{9})の人間がいたとして、ひとりひとりが夜昼通して毎秒一回ずつある実験をくりかえしたとしても、総実験回数は

$$3\times10^{12}\times10^{9}=3\times10^{21}$$

回にすぎない。つまり、一回の実験の成功の確率が10^{-50}という事象は、決して観測されることのない事象である。試験管のなかにある空気の窒素分子と酸素分子とが自然に上と下とに分かれてしまう確率は、これよりまたはるかに小さい。

ボレルの紹介が長くなったが、一つの目的は、

「ある程度以上に小さい確率はゼロとまったく同じである」

という重要な認識を確立することにあった。この認識が、黒と白しかない倫理学と、灰色の段階をみとめる数理倫理学とをつなぐのである。

ここまでに登場してきた10^{-6}とか10^{-15}とかいう確率は、私たちがしょっちゅう遭遇する確率——誰々を相手にマージャンで勝つ確率とか、停留所で待たないでバスに乗れる確率とか——にくらべておそろしく小さくて、10^{-6}は「あり得ない」にかなり近く、10^{-50}は「まったくあり得ない」に等しい。しかし、人があることをしてよろしいかどうかという倫理の立場に立つと、これぐらいの確率が許容し得る上限として採用される場合も少なくないように思われる。

たとえば、放射能障害のように子々孫々にわたって影響の残る可能性のある問題で

は、先に「地上的尺度において無視できる確率」の項でこころみたのと同様の考え方にもとづいて、危険率の許容限度をうんと小さくとらなければなるまい。しかし、この許容限度には、ゼロでない、有限の値を与えねばならぬ。もしそれをゼロにとったとしたら――つまり、放射能障害の考えられるような実験や産業はいっさい許さないことにしたら――私たちの前途は甚だ暗いものになるだろう。前述のように、石油資源の枯渇は目に見えているのだ。

自然科学者や技術者は、ある装置の設置・運転にともなって生じ得る危険の確率を評価することはできる。その評価の当否に対しては彼らはよろこんで責任をとるだろう。しかし、その危険の確率の上限をいくらにとればその事業が倫理的に容認されるかをきめるのは、実践倫理学者の任務であろう。一般に、危険率の許容限界を小さくすればするほど、その事業に要する労力と費用とが雪だるま式に増大し、事業の成功の見通しは暗くなることは、あらためて指摘するまでもあるまい。

いま述べた放射能障害の問題に関しては、日本とアメリカで考え方にかなりの開きがあるようだ。数理倫理学者が即刻活動をはじめるべき舞台である。

五

蛇足かもしれないが、以上述べてきたような考え方、あるいは思想に対して「数理倫理学」の名称を提案するゆえんを明らかにしておこう。それは、一言でいえば、私たちの考え方を組み立てる礎石になっている危険率という概念は、数学の世界に投影して取り扱うことのできるものだからである。たとえば、Aという事象とBという事象とが、それぞれ互いに独立に(無関係に)起こる事象であるならば、Aが起こりかつBが起こる確率は、Aだけが起こる確率とBだけが起こる確率とをかけ合わせたものに等しい。したがって、AとBとが同時に起こるときにかぎってある危険が生じるのであれば、その危険の確率を10^{-6}すなわち百万分の一におさえるためには、A、Bおのおのが起こる確率はたとえばそれぞれ10^{-3}すなわち千分の一であってもよろしい。

また、一人の東京都民が一日のうちに致命事故にあう確率が、先に引用した統計の数字の示すように、3×10^{-7}(千万分の三)であるならば、一人の人が十年のあいだに致命事故にあう確率は、ほぼ

$$(3\times10^{-7})\times(365\times10)\fallingdotseq1/1{,}000$$

と計算される。* 千人に一人の割だから、これは、生命に関する確率としてはそうとうおそろしい値である。事実、長年東京におられる方で、知人のどなたかが、致命事故といわぬまでも、交通事故で負傷された経験をおもちでない方はないだろう。私は、この原稿を書く途中、他の用事で仙台に電話をかけたが、先方のO教授は自動車にはねとばされて骨折、入院中ということだった。一日に10^{-6}という確率も、考えようによっては、決して軽視できないのである。もっとも、いま扱っている数字は、道路で遊ぶこどもも、信号や横断歩道を無視する歩行者も、酔っぱらいドライバーもひっくるめた平均値なので、ある特定の個人——たとえば健康で注意深い読者——の身に致命事故がふりかかってくる確率が十年について千分の一というわけではない。この種の注意は、統計の数字を読みとる場合にはいつも欠くことのできぬものである。

＊ この計算は近似計算である。この場合にはほぼ正しい結果を与えるが、この型の問題はいつもこの簡単な方式にしたがって計算すればいいというわけではない。

上記の例のように、基本になる事象の確率がわかっていれば、それらを組み合わせた事象の確率は古典的確率論にしたがってまったく論理的に算出することができる。基本になる事象自身の確率は、多くの場合、統計値から推定するのだが、その筋道はそれほど簡単ではない。たとえば第二節の最初にあげた手術の例で、五〇例中三〇例成功したから成功率〇・六〇というのはいささか早計であろう。その次におこなわれる五〇回の手術では三五回成功するかも知れないし、二五回しか成功しないかも知れない。少数の例から「ほんとうの確率」を推定する場合にはいつでもこの種の不確定さがつきまとい、したがって推定した確率の値にまたその「たしからしさ」を考えなければならないのだが、そのへんの処理法は、ここ数十年の数理統計学の発達によってほぼ解決されている。一年なら一年、五年なら五年のあいだに実際に発生した事故の割合があらかじめ許容された危険率から当然予期される程度のものであるかどうかを検定する問題についても、事情は同様である。

私たちの考え方を数理論理学と呼ぶのは、いま述べたような基本的な推理を、確率論や数理統計学にもとづいて合理的・論理的におこなうことができるからである。しかし、そこで一番むずかしいのは、実は、この種の数学的処理ではなくて、再三指摘したとおり、数学的処理によって得られた確率の値と倫理とをむすびつけるところなのだ。つまり、これこれの目的をもち、これこれの結果を期待できるならば、ここまでの危険率はみとめてよろしいという上限の設定法である。そのための思想体系の準備が数理倫理学者の最大の仕事であろう。その点をはっきりしてもらうと世の中は大分すっきりするように、私には思えるのである。

六

第三節で、危険率がある程度以下ならばあることをしてよろしいとみとめるのは、責任の一部を「偶然」に転嫁することであるという考えを述べた。倫理の世界では、偶然に責任を転嫁するのは、単にそれだけ気が軽くなるだけのことであろう。しかし、倫理の裏打ちをする法律の世界では、そこの始末をきちんとつけねばなるまい。そのへんのところをもう少し考えてみよう。

自動車事故の例をとるのがよさそうだ。先に引用した東京都の自動車事故による死亡者数一日当たり二・九人という数字は、実は、自動車に乗っていて死んだ側の人を二割ふくんでいる。*それをさしひくと、残りは二・三人である。東京の自動車台数は

約九五万台だから、いま東京で自動車を運転するのは一日に

$$2.3 \div (9.5 \times 10^5) = 2.4 \times 10^{-6}$$

の確率で人をひき殺すことだと考えていい。「だから自分は車をもたない」という紳士もあるが、常識的倫理は、あらかじめ一定の訓練を受けさえすれば、都民が自由に車をもつことを容認している（もし死亡事故の確率がいまの百倍だったら、車をもつことを許されるのは医者と警察ぐらいのものだろう）。つまりここでは一日に2.4×10^{-6}の平均的確率で殺人の危険をともなう行為が容認されるという実例がすでに存在しているのである。

＊　アメリカでは逆に、致命事故の八割はドライバーの側に起こっている。

さて、不幸にして死亡事故が起こった場合には、ドライバーは、過失の度合に応じて三年以下の禁錮または五万円以下の罰金の刑に処せられ（刑法二一一条）、かつ被害者の遺族に損害賠償金（補償金）を支払わなければならないことになる。その金額は場合に応じて各種各様で、平均的な実態をつかむことがむずかしいが、最近では大体一五〇万から三〇〇万円ぐらい、しばらく前までは五〇万円内外の例も少なくなかった

らしい。三〇〇万円としても、生命の代償としてはばかに安いではないか。

「大体ひとのいのちを金に換算するとはけしからん」という考え方もあり得る。しかしそれは単なる感傷論である。危険の根絶を口に唱えるだけで、合理的な許容危険率の設定に踏みきれないひとたちの論である。一旦事故が起こってしまった以上、被害者の生命をできるだけ高く評価して遺族に補償するほかに実際的な解決法はない。日本では、三井三池炭鉱三川坑の五〇〇人近くの死者を出した爆発事故でも、遺族にわたされた金は、労災保険、退職金その他をひっくるめて平均一八〇万円。先の自動車事故の場合とほぼ一致していて、どうもこのあたりが日本における生命の平均的な相場らしい。他の文明諸国では日本にくらべて補償金はケタちがいに高く、自動車の死亡事故の場合、アメリカでは、被害者に過失がなければ、一〇万ドル(三六〇〇万円)を下ることはない。人を一人ひけば加害者は再起できないのが常識である。

一〇万ドルはともかくとして、いま、日本で、交通事故によって一人の生命を失わせれば、少なくとも一〇〇〇万円の補償金を支払わねばならぬときめたらばどうなるか。絶対多数のドライバーにとっては、それは、残りの生涯を全部かけても支払い切れない金額だろう——もし支払いの責任が彼一人に帰せられるならば。

しかし、数理倫理学の思想によれば、この場合、社会は若干の危険率を承知の上で彼に運転を許したのだから、事故の責任の一部は「偶然」に負わせるべきである。偶然——確率の法則にしたがって生起する偶然——の結果に対してお金が支払われる仕組みはないか。保険がまさにそれだということは、あらためて指摘するまでもあるまい。保険は、個々の事例について見れば偶然だが、多くの事例を集積すれば確率の法則に支配されて起こるような事象を対象として組織され、多年の洗練を経た事業である。

上記のような自動車による人身事故に対する保険制度は各国で発達している。これはいわゆる強制保険、すなわちすべての自動車の所有者(国によっては免許証の所有者)がかけなければならない保険と、その上に上積みされる任意保険とに大別される。日本では、強制保険によって、死亡事故に対しては原則として一〇〇〇万円の保険金が支払われる。* アメリカでは最低三六〇〇万円。イギリスでは最低一五〇〇〇万円。西ドイツでは同じく二〇〇〇〇万円。もちろん、保険金が高くなるにつれて高い保険料を支払わされることになるわけだ。

＊ 近く一五〇〇万円に増額されるが、一〇〇〇万円になったのは一九六四年二月からの保

険契約に対してで、それ以前は五〇万円だった。

ところで、被害者の遺族に実際に支払われる補償金は、がんらい、強制保険から支出される保険金とは独立に定められる（保険金は補償金の一部となる）べきものである。アメリカの例でいうと、前記のように、補償金は一〇万ドル（三六〇〇万円）を下ることは稀で、したがって、すべてのドライバーは、強制保険以外に、高額の任意保険に加入している。日本にも任意保険の制度はあるが、これに加入している車は十数パーセントに過ぎぬらしい。事故の場合に支払わなければならない補償金が不当に安いのが一つの理由であり、社会科のなかで確率というものについての教育が十分におこなわれていないのがもう一つの理由だろう。

こういう実情のもとで、日本で、死亡事故に対する補償金最低一〇〇〇万円を実現する即効的方策は何か。一番簡単な解答は強制保険金額の大幅引上げであろう（あえて一〇倍引上げとはいわない。事故を起こしたドライバーまたはその傭い主が補償金支払い完遂のために苦しむのは当然だから）。しかし、保険金額の引上げは必然的に保険料の引上げをともなうから、車主側の負担能力を検討しないと計画は画餅に終わる。私は、保険料引上げに堪えられずに車を放棄するドライバーが出てきても一向かまわないと思う。日本では、少なくとも東京の街では、必要以上の、また現在の道路の容量以上の、自動車が走りまわっているからだ。だが、簡単な試算の結果によると、強制保険金額の引上げだけでことを解決しようとすると、保険料は余りにも高くなるらしい。
そこで考えられるのは、残額を国庫で負担する(結局、税金による負担)という方式である。これには強い反対論があるようだが、数理倫理学の立場に立てば、そもそも社会が必要とみとめて自動車運転という危険な行為を一般に許した以上、ある限度以内で事故の責めを社会全体で負うのはやむを得ぬことと考えられる。

本節の所論を要約してみると、

1　事故を起こした場合に第一に補償の責めを負うべきものは、当然、その本人である

2　しかし必要な補償額は、ふつう、個人の支払い能力を超えるだろう

3　社会は、ある危険率の存在をみとめた上で彼に運転を許したのだから、彼は責任の一端を「偶然」に転嫁してよい。そのことを可能にするために、社会は保険制度を用意しなければならない。これは、「偶然」に帰せらるべき責任額を関係

者——すべての車の持主——が分担するという方式である

4　もし保険の形で関係者全員が分担しても必要な補償金を生みだし得ないならば、そのときには、その行為——運転という危険な行為——を公認した社会の全員が残額を負担するほかない

というようなことになろう。これが、「偶然に責任を転嫁する」という思想を現実的に裏打ちする場合の基本的なやり方だと思われる。

たとえば原子力関係の研究にともなって生じ得る公害というような場合には、個人の責任は問えないケースが多いし、「関係者全員」が加入する保険制度も考えられないから、以上の要約の1、2、3はとばしていきなり4にくるほかない。つまり、補償金は全額国庫支出、国民全部の分担とする以外に解決策はないだろう。そうなると、ある危険の確率をはらんだその事業をすることが「善い」ことかどうかを判定する数理倫理学者の責務は一層重大になる。

私は、本稿で述べた考え方が、多くの自然科学者にとって余り抵抗なく受け入れられるものであること、おそらく彼らの胸中に潜在するものを描きだしたに過ぎないこ

とを信じる。しかし、それ以外の方々にとってはかなり根本的な意味で目新しいものがあるかも知れない。むしろそういう方々の協力によって、しかじかの目的をもち、しかじかの結果を期待できる行為であるならば、たとえその行為が社会に危険をもたらす確率をはらんでいたとしても、その行為をなすことは「倫理的に正しい」と断じ、その目的と期待される結果とに応じて危険率の許容限界を論じることのできるような思想体系――一つの新しい倫理学――が建設されることが、私のねがいである。

（ロゲルギストK_2）

〔筆者注〕本稿の原型は、「数理倫理学序説　確率の教育はまず社会科で」の題名で、『自然』一九六五年一〇月号に掲載された。これに若干手を加えた現在のかたちのものが、『中央公論』一九六六年三月号に、「数理倫理学の提唱」として再録された。改稿に当たって、玉井義臣、川部市蔵の両氏に資料を提供していただいた。特に玉井氏の近著『交通犠牲者』（弘文堂、一九六五）から得たところがあった。記して感謝の意を表する。

千鳥格子の謎解き

一　飛騨高山の見物

昨年〔一九六七年〕十月、金沢大学で応用物理学会が開かれ、三日間そこに出席してからの帰途、思い立って飛騨の高山に途中下車した。ここは私にとっては初めての土地である。しかも無計画だったので、駅前の案内所で二、三のパンフレットをもらい、そこにきている客引きに連れられて、多少の心細さを覚えながら小さな宿にたどりついた。しかし案内所でもらった『飛騨高山』と題する三〇ページの小冊子は、きれいなカラー写真を入れた気がきいた編集で、ひとり旅の明日の見物計画のためによい資料を提供してくれた。

翌日ははやばやと朝食をすませ、陣屋跡前の朝市に、はく息が白くなる透きとおった空気のなかの、野菜、木の実、花などの色鮮やかさにびっくりしたり、一之町、二之町、三之町と整数の呼び名の街かどに、昔の姿をしのんだりした。宮川の流れを背に、道ばたに一列に長く並んだ朝市の主は、ほとんど近郊の農家のおかみさんだそうで、手ぬぐいかぶり割烹着すがたで、綿入れの着物のせいかみんな丸々としていた。店をだす場所は毎朝きまっているのかという問いに対して、「向こうはきまっているが、ここから下のほうはフリーだよ」と思いがけない外来語の答が返ってきた。パンフレットと地図をたよりに、『みたらしだんご』を立ち食いしながら、昼食ぬきで方々を歩きまわった。雪国の立派な建築として日下部、吉島の両家、白川郷から移築した合掌造りなど、それぞれみごたえのあるものであったが、さらに高山市立の郷土館には、飛騨の自然と人間の営みに関する数々の資料が陳列してあり、短時間で素通りするには余りにも惜しいものであった。その敷地は、もとは土地の素封家永田家の一部であり、建物はその道具蔵であったものをそのまま利用したとのことであるが、そのガッチリさと新しさはとうてい九十余年の歳月を経たものとは思われない。名工坂下甚吉の作といわれる。

「所かわれば品かわる」というとおり、いろいろめずらしいものがある。たとえばプリー式の自在鍵や、木製の挽き臼など、私にははじめてのものがいくつかあった。しかし今は道草を食わないで表題の内容へ焦点を合わせていこう。

飛騨で注目すべきことは、よい木材とそれをこなす名工であろう。左甚五郎がこの地にいたとかいないとかも話題の一つである。飛騨の工(たくみ)の特異な作品として千鳥(ちどり)格子(ごうし)というものが土蔵の展示室に入るとすぐ左側にかかっている(図1)。これは昔の千鳥格子をまねて見本に作ったものである。この展示は入場者の関心を多くひくとは思われないが、はじめてみる私はその不思議さ、巧妙さに驚いてしまった。

図1　郷土館の土蔵へ入ると，すぐ左側にかかっている千鳥格子の見本．

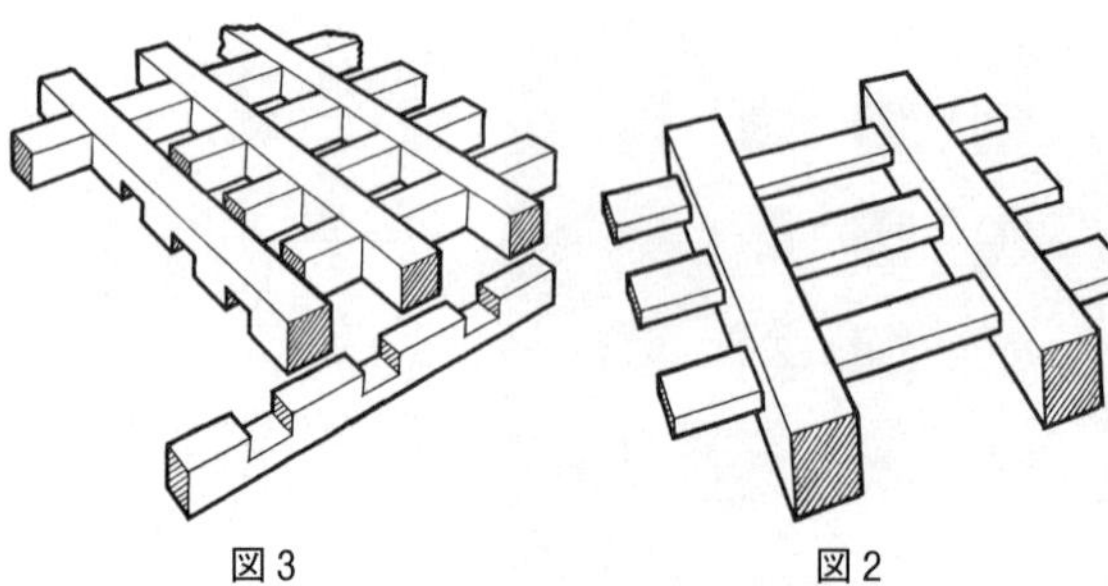
図3　図2

二　千鳥格子とは

木を材料として格子を作ることはあたりまえのことである。紙障子の桟や玄関の格子戸などはその一例である。千鳥格子というのも木製の格子で、うっかりしていればべつにとりたてて騒ぐこともないものだが、よくみると実に不思議な組み方がされているのである。これを不思議と感ずるためには、まずあたりまえの組み方をみておく必要があろう。

図2はコタツ櫓(やぐら)の格子などに使われている種類で、やや薄い横骨を縦骨の横孔に貫通させる組み方である。この式では固定手段をべつにほどこさない限り、横骨と縦骨は相対的に移動できる。この自由度があるから格子が組めたのである。

図3は最も普通にある格子の例で、障子戸なども骨は細いが組み方はまったくこれと同じである。これは嚙み合わせのための切り込み溝が、骨の一方の側に並んでいるのが特徴で、縦骨と横骨を組み合わせてしまうと、その交点はもはや横にも縦にも移動できない。しかし格子の面に垂直な方向の力を骨に加えれば、その骨ははずれてしまう。逆にいえば格子の面に垂直な方向の自由度があるから、この格子が組めたのである。

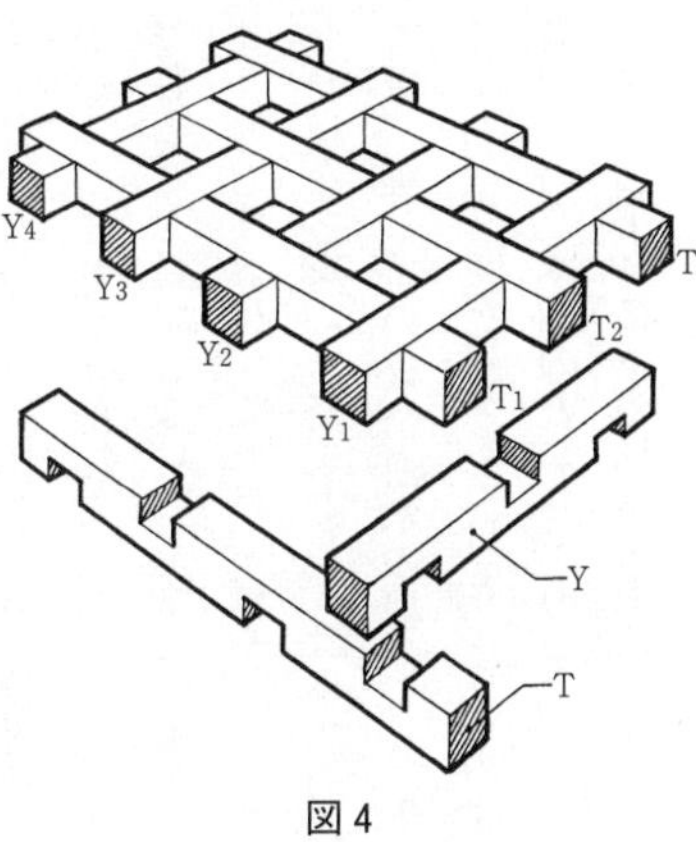

図4

さて図4が問題の千鳥格子で、一見図3のものに似ているが、横縦の嚙み合い方が前と違って千鳥に〔互いちがいに〕配列されているのである。このできあがった姿から想像すると、素材となる骨は図4の下のように嚙み合い溝が骨の両側から互いちがいに切り込まれていなければならない。ところがもしそうだとすれば、一本の縦骨にたくさんの横骨を組み合わせることはできても、骨がたわまない限りそれら横骨を隣のもう一本の縦骨に噛み合わせることはできない。つまり要素的に考えると十の字までは組めても、井の字のように閉じた矩形を作ることはできない。しかし、もしなんらかの方法で千鳥格子が組みあげられてしまったとすれば、これはもはや、どうしてもばらばらにすることのできないものといわねばならない。格子としては理想的に堅固なものなのである。こういう組み合わせ方は、実は布の縦糸横糸の編み方とまったく同等であって、糸は曲がるので布の端(切り口)からはほぐれるけれど、布のまんなかからは、ばらばらにならないことは読者諸氏のご承知のとおりである。

展示の千鳥格子の見本を手にとって、表から、また裏から、よくよくしらべてみたが、縦の骨も横の骨も途中で継いである様子は全然ない。端から端まで一本で通っている。たわめようとしても、組みつけ可能な程度には絶対に曲がらない太さと長さである。飛騨の工は一体どんな工夫でこれを作ったのか？　格子を手にして、その謎に大きな興味をかきたてられてしまった。

三　帰りの汽車で

その日、夕方の急行で名古屋へでて、東海道新幹線に乗り継いだが、行き当りばったりではもちろん座席券など手にはいるはずはなく、その日の最終列車の自由席は東京まで連結器の上であった。柱に寄りかかってはいられたが、立ったまま寝られるほど器用でもなかったので、昼間みた千鳥格子の謎が頭のなかを往来した。しかしなかなかうまい考えも浮かばず、気もさえなかった。静岡を通過したところであったか、ハタとあるひらめきがやってきた。

『ばらせない格子は組めるはずはない』という原則論である。前にみた図2や図3の格子は組み上げた後でも(何らかの固定手段を別にほどこさない限り)格子の骨を移動したりはずしたりする自由度が残っていた。組み込む方向をプラスとすれば、はずす方向はマイナスであって、プラスとマイナスの両方向の自由度があるからこそ、組めたりはずしたりできるのである。ところが一度組みつけたら最後、もはやばらすことのできないものは、プラス方向の自由度はあるがマイナス方向の自由度はないのである。つまり組む過程のどこかに必ず一方通行的な、非可逆的な要素が含まれていなければならない。たとえば、のりではりつけてしまったとか、釘でとめてしまったとかいう作業である。そうだ！　千鳥格子の骨は一見一本のようにみえるけれども、それがどこかで継いであるのに違いない。ただその継ぎ目が巧妙にかくされているのだろう。ではその継ぎ目は一体どこに……？

それは角（かど）にちがいない。角といってもよいが、数学的には稜（りょう）に沿って、といったほうがよりはっきりするだろう。二つの面が交わるとき、その両方の面に共有される角の線が稜線と呼ばれるもので、これは平らな面上にある線とは異なっている。うまくつくられた柱とすれば、その角、つまり稜線は太さも幅ももたない鋭さで、数学的な線となるはずである。つまりそこに継ぎ目がくるようなはぎ方をすれば、みつけることはそう容易ではないだろう。第一にその継ぎ目が幅をもたなければみえないし、第二にこの線を境にする二つの面の模様が連続的になっていなくても、誰もおかしいと思わないからである。

さて、理屈はこれで一応よいとすれば、つぎは工作の問題だが、果たしてそんなうまいことができるだろうか？　そういえば、今日みた千鳥格子の角はどんなだったろうか？　いや、その製作がむずかしいだけ、飛騨の名工の腕が発揮される場面かもしれない。こんなふうに考えると俄然この稜線説が正しいように思えてきて、あとは具体的な切り方、つなぎ方の検討に移った。それ以後の時間はあっというまにすぎて、終着駅についてしまった。

四　稜線説の具体化

図5で互いちがいに切り込みのある一本の骨Tを、その軸を含むD面でななめにまっ二つに割ってP_1、P_2という二本の三角柱を作る（P_1とP_2は、切り込みの間隔だけ軸方向にずらし、片方を半回転だけころがすと、まったく同形同大のものであることがわかる）。つぎにこれらの三角柱を、C_1、C_2、C_3、C_4、……という一番細い個所で切り離して、同形同長の単位部品をつくる。横骨か縦骨か、どちらか一方だけをこのよう

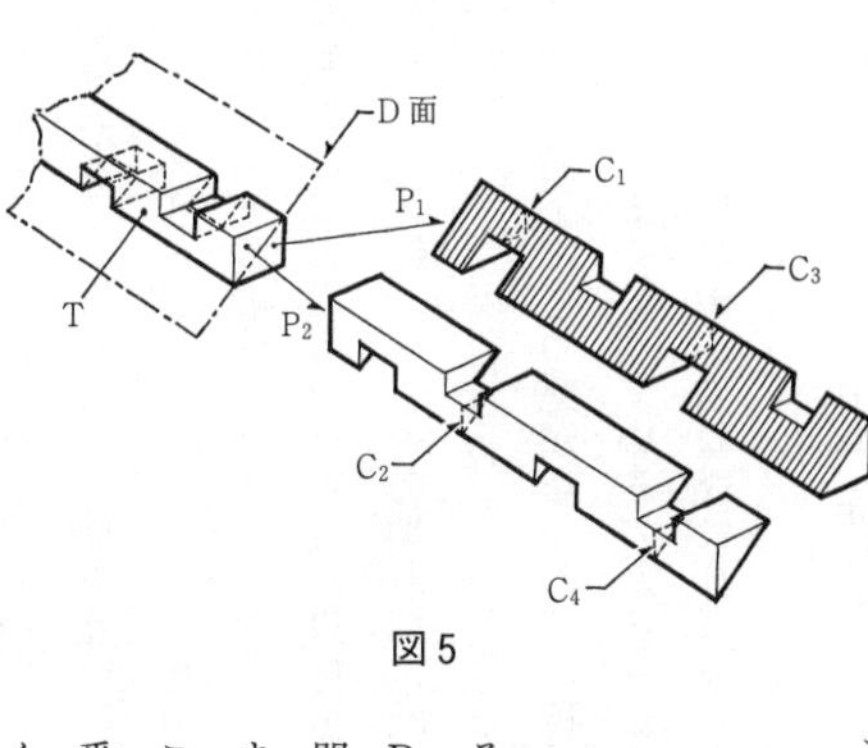

図5

な単位部品から組みあげていけば、千鳥格子ができることになる。ただしこの組みつけのときに切り離した面を互いに接着するという非可逆過程を導入しなければならない。木工の妙味は「釘」と「のり」を使わないところにあると思えば、この接着が稜線説の一番の泣きどころとなる。しかしともかくこれは一つの解答にはなろう。さっそく日曜大工用のラワンの角材を買い求めて、手細工で要素だけを組みあげてみた。C_1、C_2、C_3、……等の切り口は噛み合いのなかにかくれてみえなくなる(もっとも切り口の角の一点だけは稜線上にでてくるが)。すべてのこと、予想どおりである。ただし飛驒の名工ほどの腕がないので、稜線のはぎ目がピチッと合わない。では本物はどのくらいうまくいっているのだろうか? 果たしてこの説が正しいか? 私はどうしても、もう一度高山を訪ねなければならない!!

五　再び高山へ

今年四月のはじめ、大阪大学で物理学会の年会が開かれた。今度ははやばやと、その帰りに高山へ寄る計画をたてた。

よく晴れた日の午後、私は再び高山の土地をふんだ。今回はさきに話のでた永田家当主のご好意によって、最も古い千鳥格子がある軽岡峠の地蔵堂へ案内していただいた。それは高山市から西方へ国道一五八号線をだらだら上りに約四〇キロ、残雪のまばゆい道ばたにひっそりと、小さく建っていた(図6)。息をこらす思いでその前に立

図6

図7　千鳥格子(文亀2年，1502年の作という)

った。ところが問題の千鳥格子の扉はしまりなく開けはなされたままで、そのなかに、お供物のリンゴを前に坐ってござる石地蔵の首は折れていた。しかも千鳥格子の一部は無残にもこわされてガタガタになっていた。大事なものがこんなに荒れはてたままに放置されていることに義憤的な感情を押さえることができなかったいっぽう、そのためになかの構造がよくみえたのはまったく幸いであった。図7の写真がこの千鳥格子の姿である。大きさは外周が38×45(センチ)で、四二個の枡目をもっている。私は食い入るように見つめた。

切り込みは想像したとおりの互いちがい形式であるが、両方の骨とも途中で継いでいない。一本ものである。つくるときに接着操作をつかっていないことは明らかである。嚙み合わせだけという本来の木工作業だけでできている。前にだした図4と別に変わっているとも思えない。しかし図4を考えたときは、組みあげることができなかったはずである。では一体どうしてこの千鳥格子は組めたのであろうか？　よく図7の写真を見て下さい。そして図4と比較して下さい。両者の間には性質的な違いは全くない。あるとすれば量的な違いだけということになる。そういえば本物の千鳥格子の切り込みの深さがかなり深いように見えるのだが？

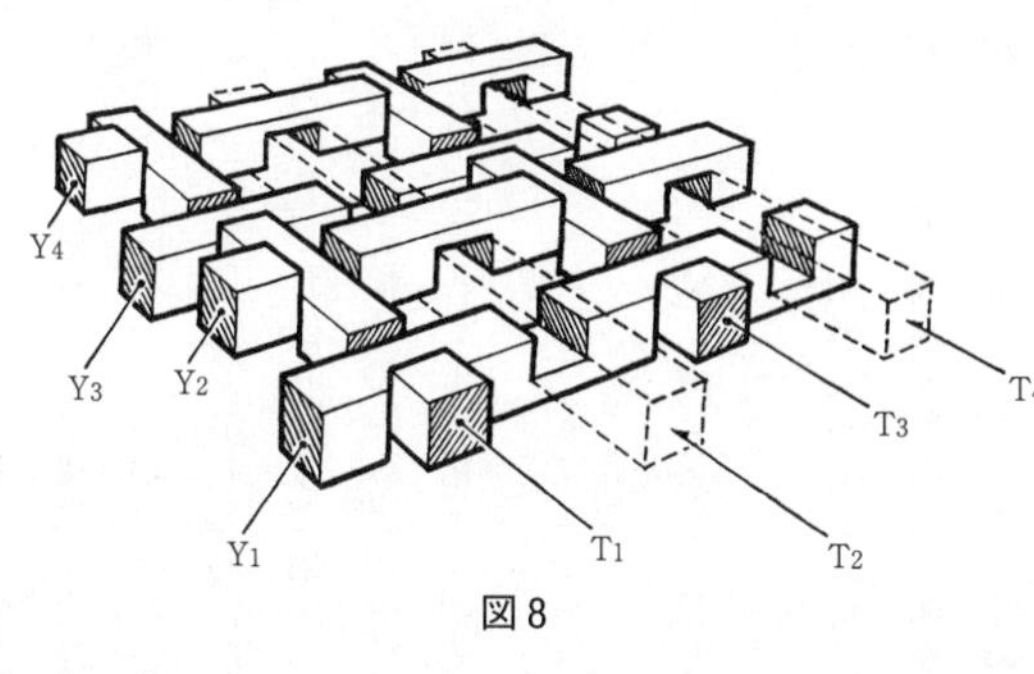

図 8

然り！　然り！　千鳥格子の秘術は実にこの切り込みの深さにあったのだ。最初組みつけが不可能と断定したのは、切り込みの深さを厚さの1/2にするという条件を文句なしにとったことにある。ところがほんものは、この切り込みがうんと深いのである。だから組みあがったとき、切り込みの底と底とが互いに密着していないで、そこにいくらかの隙間が残されているのである。余裕が残されているのである。この隙間ができるのである。この隙間は写真にもはっきりみられるとおりである。永田氏は前もって大工に作らせておいた千鳥格子の雛型をつかって説明して下さった。

格子の骨の嚙み合わせを作るとき、切り込みの深さを棒の厚さの2/3にする（2/3以上ならよい）。組み立てにあたっては、まず縦の骨を一本おきに並べる。これが図8のT_1、T_3である。これに横骨Y_1、Y_3を上側から、横骨Y_2、Y_4は下側から組み合わせて、切り込みの底同士がぶつかるまで押し込むと、Y_1、Y_3は縦骨より下側に顔をだすし、Y_2、Y_4は上側に顔をだす。このときはじめに一本おきにはぶいておいた縦骨の位置に、骨の断面積の広さで見通せる空間が貫通する。この空間を点線で示しておいた。この孔に縦骨T_2、T_4を矢印の方向へ差し込めば、これらのT_2、T_4はちょうど前からあったT_1、T_3と同一の平面内に位置する。T_2、T_4の嚙み合わせを横骨の嚙み合わせに合致させて、Y_1、Y_3を1/3だけあげ、Y_2、Y_4を1/3だけさげれば、これで千鳥格子が組めたのである。お見事！ お見事!! なかなかの妙技である。

六　考え方の反省——ゆるみの存在

一ピッチ相当長の単位三角柱を半分ずつずらしながら組んでいく稜線方式案は、継ぎがないでちゃんとできるものがある以上、素直にカブトをぬいだ次第である。しかしどうしてそんな考えに走っていったかを反省してみると、嚙み合わせ部分に空間があるなどとはまったく思いつかなかったことによる。地蔵堂のものは長年風雨にさらされており、かなりのガタができているので、合わせ目をみればこの隙間があることはすぐわかる。さて昨年郷土館でみた見本は如何に？と翌日もう一度郷土館を訪れ、くわしくみなおしてみた。その目でみれば、なるほどとうなずける。合わせ目の中ほどにある極めてわずかの隙間が黒くみえるのである。この隙間はなかの空間によって空洞暗黒体を実現しているのである。ここまでわかるためには心眼が必要であって、普通ではわからないのがあたり前であろう。

さて、この空間があるために、どの骨も格子の面に垂直な方向に幅1/3だけの相対移動のゆるみが残されているのである。このゆるみが組みつけを可能にする秘密であり、このゆるみがないと思い込んだのが、考えを別の方向に導いた分岐点となったのである。現実的には、この格子の外周に枠をはめ込んで使うし、また、枠つきの見本をつくるから、厚み方向に骨がうごかないのである。

以上が今までの千鳥格子である。ではこのゆるみは絶対になくすことはできないものだろうか？　あれこれ考えたすえ、このゆるみの隙間の数を半分に減らすことは簡単にできることに気がついた。つまりあとから差し込む縦骨T_2、T_4の切り込みを、2/3の代わりに骨の厚さの1/3の深さに止めておけばよいのである。そうすれば、少なくともあとから入れた縦骨と横骨とのあいだの空間(ゆるみ)はなくすことができる。温泉場などで売っているいわゆる箱根細工と呼ばれる組み細工では、こういうゆるみがただの一カ所しかないようにつくられているので、その一点だけが分解の出発点となるだけである。

七　格子の品格と錠前

さてここで、はじめにだした図2、図3、図4の三種類の格子を比較してみると、おもしろいことがわかる。

図2のものは横骨のお互いの間隔とあるべき平面は縦骨の穴によってきちんときまってしまうが、縦骨の間隔は変えることの可能性がある。逆にいうならば、この可能性があるからこそ組めたのである。

図3のものは横縦の交差点はどちらにも移動できない。つまり骨の間隔は横も縦もきまってしまうが、自由度は格子面に垂直に骨がはずれる方向にある。このはずれる可能性があるがゆえにこの格子が組めるのである。

図4の千鳥格子は交差点が固定されるのはもちろん、格子面から垂直方向にも骨をはずすことはできない。これを分解するには、まずある方向のすべての骨を一本置きに互いちがいにずらせておいてから、それらと直交する骨を一本おきに引き抜くのである。もし一本でもずらさない骨があると、決して引き抜けないから骨の本数が多くなると分解にはなかなか時間がかかるのである。さらに筆者のゆるみ空間の個数を半分にしたものでは、最初にずらせる骨の群が特定の方向のものにきまってしまうという制限がつく(だんだん箱根細工に近づいてくるのである)。

こんな点から格子を眺めてみると、格子にもそれぞれそれなりの品格があることに気づく。そしてこの品格は実は錠前装置のもつ品格とよく似てはいないだろうか。極めて簡単な貫ぬき、雨戸の落し錠、などからはじまってシリンダー錠などと幾段階もある。千鳥格子はとっつけシリンダー錠あるいはシリンダー式数字合わせの錠前にも相当しようか。

縦と横の線を編み合わせて平面をつくるものはたくさんある。糸を織ったものが布である。針金を組んだものが篩(ふるい)とかモチ焼き網である。モチ焼き網でもしらべてみると、その波の打たせ方、編み方、面のつくり方にいろいろの種類がある。木を材料にした格子も前に見たようにいくつかの種類がある。そのなかにあってこの千鳥格子はひかり輝いている。少なくとも私にはそう見える。ほら！　その奥に工(たくみ)の十分な経験の蓄積ととらわれない進取の気性が躍動しているではないか。

（ロゲルギストK）

青空にあいている孔

青空に孔があいているなどというと、空想小説めいていて、まじめに受けとる人は少ないかもしれない。空が一面に晴れているときには、どこにも黒い孔などはみえないし、また、青空をつきぬけてロケットで宇宙にとびだせるのだから、孔だらけだといってもいいかもしれない。

ここでいう孔というのは、そのような空間的な孔ではない。空からくる光のスペクトルの孔のことなのである。晴れた日中には、青空からはいろいろな光が地上にそそぐ。もちろん、目にみえる光のなかでは青い光が一番強い。これは太陽の光が空気分子で散乱されたものである。その証拠には、空気のない宇宙空間で、人工衛星からとった空の写真は、昼間でも空は真っ黒で、そのなかで太陽が、地上でみる月のように、しかしそれよりもずっと強く、ギラギラとかがやいている光景を示している。

地上で日あたりのよい場所が暖かいことは、よく知られている。だから、日照をさえぎられると、日照権問題などといって裁判ざたになったりする。しかし、それでは日あたりの悪い場所は零下何十度にも下がってしまうかというと、それほどでもない。なんとなく肌寒く感ずるぐらいである。それは空気の対流なども利いているが、一つには青空からの光が、結構、かなりのエネルギーを運んできてくれるからである。

「それは本当かしら?」と疑問に思う人がいるかもしれない。このような疑問に対しては、いくつかの証拠を示すことができる。たとえば月の表面では、空気や水はほとんど存在しない。したがって月の表面から写した写真は空が真っ暗である。このような場合、日陰の場所の温度は実際零下何十度にもなるのである。わざわざ月の世界に行くまでもない。地球上でも夜になって太陽からの放射がなくなると、急に冷え込む。ことに空が晴れていると冷え込みはいっそうはげしい。これは空からの放射がなくなり、地上からの放射が空に向かって出て行くばかりになるからである(放射冷却)。空に雲があると、このような地上からの放射を、また、雲が反射してくれるから、冷え込みはそれほどでもなくなる。農家で、桑畑などの冷害を防ぐため、晴れた夜にはたき火をして、煙を畑の上にたなびかせるのも、同じ理由によるわけである。
このように青空からの放射がなければ、昼間でも、日陰は冷え込むだろうというのが、きょうの話題のはじまりである。

一　放射冷房の話

オーストラリアのメルボルンにある、ある研究所で珍しい研究をしている人がいる。その研究題目は「放射冷房」である。筆者がその研究所を訪問したときに、あまり聞きなれない題目だったので、興味をそそられるままに、その研究をしているヘッド博士に会ってみた。ヘッド博士との一問一答は次のとおりである。

ヘッド博士　私は電子顕微鏡による金属の格子不整の研究のほうが本職ですが、あなたは「放射冷房」の研究とどちらに興味をお持ちですか?

筆者　もちろん、「放射冷房」のほうです。あまり聞きなれない題目ですからね……。

ヘッド博士　ハハ……。これは私の趣味のようなものですが……。では「格子不整」

の研究のほうはあとで聞いていただくことにして、まず「放射冷房」のお話をしましょう。

筆者　お願いします。

ヘッド博士　これはなんにも複雑な装置も使わずに、夏の暑い日にひとりでに室内を冷房しようという考えです。不思議に思われるかもしれませんが、実際にできるのです。

筆者　でも、それは熱力学の第二法則に反するのではありませんか？

ヘッド博士　まあまあ、待ってください。まず話を聞いてください。

――といってヘッド博士は「放射冷房」の話をはじめた。その内容は次のとおりである。

青空からの放射は、可視光線の波長範囲、すなわち〇・四ミクロン*から〇・八ミクロンの範囲では青みが勝っているだけで、ほとんど連続スペクトルである。ところがこれよりもっと長い波長になり、いわゆる熱線の範囲になると、スペクトルに突然大きな孔があいているのである。筆者のうろおぼえであまりはっきりしないが、その孔は、

図1　空からは8〜13ミクロンぐらいの波長の熱線はやってこないという．

波長にして八ミクロンから一三ミクロンぐらいのところにあるらしい。いいかえると、もしも八ミクロンから一三ミクロンの間の波長の熱線しかみることのできない生物がいたとしたら、この生物にとって、空は真っ暗だというわけである。

＊　一ミクロンは一〇〇〇分の一ミリメートル。

したがって、もしも八ミクロンから一三ミクロンぐらいの間の波長の熱線しか通さないガラスを作ることができたとしたら、このガラスで屋根と天井を作れば、室内からは、この範囲の熱線がガラスを通して自由にでて行くけれど、外からは何も放射が入ってこない。したがって、エネルギーは室内からでて行くいっぽうで、その結果として室内は冷えるというわけである。

筆者　なるほど理屈はよくわかりました。でも実際にそんなにうまくいくものでしょうか?

ヘッド博士　ええ、うまくいきます。実際に実験もしてみました。この範囲の波長の熱線だけ透過するガラスを作ることは、あまり楽ではありませんが、ガラス板にアルミニウムを蒸着し、その上に一酸化ケイ素(SiO)を一ミクロンの厚さに蒸着することによって、ほぼ理想的なフィルターを作ることができました。

筆者　これは干渉フィルターの一種ですか?

ヘッド博士　そうです。カメラのレンズの表面がうすく青く光っていますね。あれはレンズの表面に、うすく、ある種の酸化物などを蒸着して、その層で光を干渉させ、かえって透過率を増すようにした工夫ですが、これと同じ考えです。

筆者　それでは一酸化ケイ素の層の厚さはかなり正確でなければいけませんね。

ヘッド博士　そうです。プラスマイナス5%の精度を要します。このガラス板が、実際につくったものです。これをこの小さな箱の上にのせ、戸外の日陰の場所にだし

図2　8〜13ミクロンの波長の熱線だけを通すガラスを屋根につければ，室内は自然に冷房される．

ますと、箱のなかはまわりの温度より数度下がります。

筆者　本当ですか！　これはすばらしい発明だ。小さな箱の場合には内容積の割に表面積が大きいから、まわりの壁からかなり熱が流れ込んできますね。これを実際の家屋について行なえば、内容積の割には表面積が小さいので、もっと能率よく冷却することができるはずだ。

ヘッド博士　そのとおりです。実際の家屋の場合には、真夏でも冷えすぎるぐらい冷房できるはずです。

筆者　それなら、なぜ実際にやってごらんにならないのですか？

ヘッド博士　ハハ……。オーストラリアには、そんなに大がかりな蒸着をやってくれる会社はありませんよ。

筆者　日本では、これを聞いたらとびつく会社はいくらでもあると思いますよ。蒸着装置も、レンズ関係や、磁性薄膜の研究など、たくさんありますし……。それに第一、日本には、無料(ただ)が好きな人間が多いので、きっと評判になると思いますよ。

ヘッド博士　ハハ……。それはいい話です。この原理が実用になれば私も嬉しいです。

筆者　このことについては特許はとってありますか？

ヘッド博士　はい、とってあります。しかし、あなたは親友ですから、あなたがご自宅でやってごらんになるのはご自由です。

筆者　ありがとう。ぜひ、なんとかやってみたいものだと思います。しかし、それにしても、家のなかがひとりでに冷えていくのは、熱力学の第二法則にそむかないでしょうか？　熱力学の第二法則によれば、熱は低温の物体から、高温の物体にひとりでに移動することはないわけですから……。

ヘッド博士　その質問は多くの人から受けました。しかし、この場合は、有限の温度の室内から、地球をとりまく空気層を通過して、無限に冷えきった宇宙空間にエネルギーを送りだすのですから、少しも熱力学の第二法則にそむかないはずです。

筆者 なるほど。そうですね。ますます、面白い考案だということがわかりました。エネルギーを宇宙に向かって捨てるとは、豪快なものですね。

二　ロゲルギストたちとの問答

この話はあまりにも面白いので、ロゲルギストの例会で話してみた。ロゲルギスト一同大いに興味を示して、いつものように、話はこの現象を中心としてはずんだ。

C というわけで、たいへん楽しめました。面白い工夫と思いませんか?

A そうですね。たいへん面白い。

B ちょっと信じられないような現象ですね。

D どうして、こんなうまい話に、今までだれも気づかなかったのでしょうね。

C そうですね。晴れた夜には冷え込むというのは、だれでも知っていたはずだし……。

E　しかし、これは太陽がでていないからだと思っていたのではないでしょうか？

A　たしかにそうだ。そしてたしかに太陽がでているあいだは、青空からの放射は決して小さくないはずだ。ちょっと表をひいてみよう。このスミソニアン物理定数表によると、太陽定数は毎分毎平方センチメートルあたり一・九三二カロリーだ。

D　それは直射日光も含めてでしょう。

A　そうです。ああ、ここに空の輝度がでている。これによると、空の輝度は太陽の輝度に比べて一〇〇万分の七ほどだ。

C　つまり、青空のなかに太陽と同じ大きさの部分を想定すると、その部分からくるエネルギーが太陽からくるエネルギーの一〇〇万分の七だということですね。

A　そうですね。もちろん、青空の全面積は、われわれからみた太陽の面積と比べて比較にならないほど大きいから、青空全体からくる放射エネルギーはかなり大きくなるだろう。ああ、ここに値がでている。毎分毎平方センチメートルあたり〇・二四カロリーだ。

B　太陽からの直射日光の約八分の一ですね。決して小さな値ではないな。

E　これは実感からいうと、どのくらいだろうか？　薄日ざしというところだろうか？

A　さあ、薄日の程度にもよるからなんともいえないな。それよりワット数にすると、毎平方センチメートルあたり〇・〇一七ワットぐらい。ちょうど一〇〇ワットの電球から二五センチメートルはなれた場所で感ずる放射ぐらいだ。

E　ほのぼのとした暖かさというぐらいのところですね。

B　ところで地上からはどのくらいの放射がでているのでしょうね。地上の温度をセ氏二七度とすると、絶対温度で三〇〇度だから、ステファン・ボルツマンの法則*によると、ええと、毎平方センチメートルあたり〇・〇四四ワットのエネルギーがでて行くことになりますね。

＊　絶対温度 TK の物体からは、1 cm^2 あたり σT^4 ワットの放射がでているという法則。ここで σ はステファン・ボルツマン定数で 5.8×10^{-12} W/cm^2deg^4 の値をもつ。

D　ずいぶん計算が速いですね（笑）。すると空からのエネルギーの〇・〇一七ワットよりはでて行くほうが多いことになりますね。

C　なるほど。夏、木陰で涼むのは、この原理によるのでしょうかね。

A　さあ、どうだか……。そよ風が汗を蒸発させて、奪ってゆく熱量が多いからなんともいえないな。

B　しかし、いずれにせよ、地上からの放射のほうが多いとすると、屋根や天井をガラス張りにすると夏は涼しくなるということになる。

C　ちょっと待ってください。そうはいきません。ガラスは空からの波長の短い放射は通すけれど、室内からの波長の長い放射は通さない、という一方交通の性質*がありますから……。

＊　ロゲルギストエッセイ「一方交通の機構」（『自然』一九六三年一月号）または『続 物理の散歩道』（一〇九ページ以下、岩波書店）参照。

B　ああ、そうでしたね。空からの放射の波長はどのへんで強度が最大になるのですか？

A　そうですね。この定数表によると、ウィルソン山の頂上で直射日光の強度最大は約〇・四六ミクロン、空からの放射ではもっと短いほうにずれていますね。室内からの放射はどのへんですかね。B君、また得意の計算をしてくれませんか？（笑）

B　ええと、ウィーンの変位則から計算してもいいですが、その定数表でさがしたほうが速いでしょう。ほら、ここにありましたよ。絶対温度三〇〇度からの放射の最大強度は一〇ミクロンのところにあります。

C　ついでにガラスの透過率もしらべてください。

B　そうですね。ああ、ここに書いてありますよ。たいていのガラスは可視光線に対しては非常にいいのは当然ですが、三ミクロン以上になるとかなり悪くなりますね。

C　そうすると、ガラス板は室内からの平均一〇ミクロンの波長の熱線はさえぎるけれど、空からの〇・四ミクロンは通してしまうわけだ。だから室内は冷えるどころかますます暑くなってしまう。つまり温室の原理ですね。

D　それで、八ミクロン以下の短い波長の光もさえぎるようにすることが、重要になるわけですね。

C　そう、そうです。

E　しかし、ちょっと変な気がしますね。家の外でも、室温ぐらいの温度の空気が満ちているわけですね。そこから、三〇〇度(絶対温度)に相当する放射がやってこないんでしょうか?

A　それは空気の放射率が悪いから、あまり問題にならないでしょう。もしも空気のなかで地上と放射平衡が成り立っていれば、高度が増すにつれて、どんどん温度が下がることはないはずだ……。

B　それにしても、放射冷房とは、うまいことを考えましたね。しかし、曇った日はだめでしょうね。

C　そうそう。ヘッド博士もそういっていました。しかし、オーストラリアではあまり曇ることもないし、また、夏でも曇った日はわりあい涼しいから、構わないんじゃないかといっていました。

D　こんなうまい話はほかにもあるでしょうか？　あるチャンネル〔波長〕だけ自由通過にすると得をするなんていうことが……。

E　貿易なんてそうではありませんか？　Aの国から鉱石や食料などを輸入している貿易業者は、輸出したB国ではこれらが不足しているから自然にもうかる……。

C　なるほど、そうすると国全体として国際収支がよくなるように、品物ごとに異なる関税をかけるなどというのは、ちょうど、「放射冷房」の場合のフィルターのようなものですね。

一同　そうですね。〔笑〕

（ロゲルギストC）

水玉の物理

一

A　お茶につぐお湯の温度が音でわかるということですが、どう思います?

B　そうですね。火鉢の上でぐらぐらたぎり立つ鉄びんのお湯を急須につぐとき、トロトロッという高い感じの音がして、いかにも熱そうに聞こえる。水道の水をコップにつぐときのさわやかな音とはまるで違いますよ。

C　トロトロッとした感じとおっしゃるのは、湯の流れ方や流れる様子から受けるのではありませんか。

A　流れ方が違うのは温度が高くなると水の粘度が変わるせいでしょう。一〇〇度になると水の粘度は二〇度のときの三分の一くらいに小さくなるのですからね。相当サラサラしてくるわけです。

C そういえばお風呂のお湯も、沸かしすぎるとたらいでかきまわしたときにサラサラする感じがしはしませんか。

A そんな感じですね。

B 音も違いますよ。

A ああ、そうそう。水のたてる音というのはたいていは水のなかに泡ができるときに起こる音だという説をたてた人がある。谷川の水が流れる音とか、ドードーいう滝の音とか、ゴーゴーいう海の音とかはみな泡のたつときの音じゃないかっていう説ですよ。

B ウム。それは面白い。さっきのお湯の温度が音でわかるというのもね、あるいはそれで説明できるかもしれませんね。

Aは大分むかし見たことのあるその論文の内容を心に思い浮かべてみようとした。なんでも水のなかにある小さい空気の泡が、クッションのような働きをして、まわりの水が泡の中心に向かって弾みで近づいたり遠ざかったりするときの泡のエキスパンション、コントラクションがたいていは水のたてる音の原因だとあったような気がする。Aは試みにその運動エネルギーとポテンシャル・エネルギーの和が一定だという式をたてて微分してみると、泡の固有振動数を示す式*がでてきた。それは泡の直径に反比例するもので、直径がたとえば五ミリのとき一二八〇サイクル〔ヘルツ〕、三ミリのとき二一〇〇サイクルになるなどと勘定された。そうしているところへまったく偶然に、新着のアメリカ音響学会誌に、水のなかで球形の泡が壁に接しているために多少変形しているものの振動数を計算した結果が報告されているのを見つけた。その参照文献にいつか見たあの論文らしいものが引用されてあるではないか。ミンナエルト(Minnaert)というオランダの物理学者が *Phil. Mag.* (1933) に寄稿したものであった。早速探し出して調べてみると同じ式が別の方法で導いてあって、それに次の実験結果の報告がそえてあった。桶のなかに水を入れて、そのなかに先が開いた細い管を曲げて、先を上に向けて沈め、そこからゆっくりと空気を吹き出させる。吹き出す空気がパイプの先で、ある大きさまでふくらむとまるい形の閉じた泡がポッッと一つできる。できるたびにポコッ、ポコッというすっきり聞きとれる音がする。この音の高さを実測すると式から勘定した振動数とぴったりと合うというのである。このことから流れる水がたてる音はたぶん、このような泡の生成による振動から説明できるのではあるまいかという所説であった。

＊ $N=\frac{1}{2\pi r}\sqrt{\frac{3\gamma p}{\rho}}$ （rは泡の半径，pは圧力，ρは水の密度，γは空気の定圧および定容比熱の比）

Aはそれから洗面所へいって蛇口からしたたる水滴にじっと見とれている様子であった。

二

その後二、三日たったある日。

A　水玉が水面に垂れるとき、ピョンという実にきれいな冴えた音がしますね。

B　森閑とした夜のしじまに台所の水道の蛇口からしたたる水の音がポチン……ポチンと冴えわたって聞こえるあれですか。

A そうです。あの音の高さはどのくらいだと思いますか?

B 非常に瞬間的な音だから、ちゃんとピッチのきまった音かどうかわかりませんね。高い場合も低い場合もあるしね。とにかくきれいな音ですね。

A その音を実はマイクロフォンに受けてブラウン管で見てみたんですよ(図1)。

B ホホー。どんな波形でした?

Aはポケットから波形を撮った二、三枚の写真を取り出して見せた。そのうちの一枚が図2に示してある。

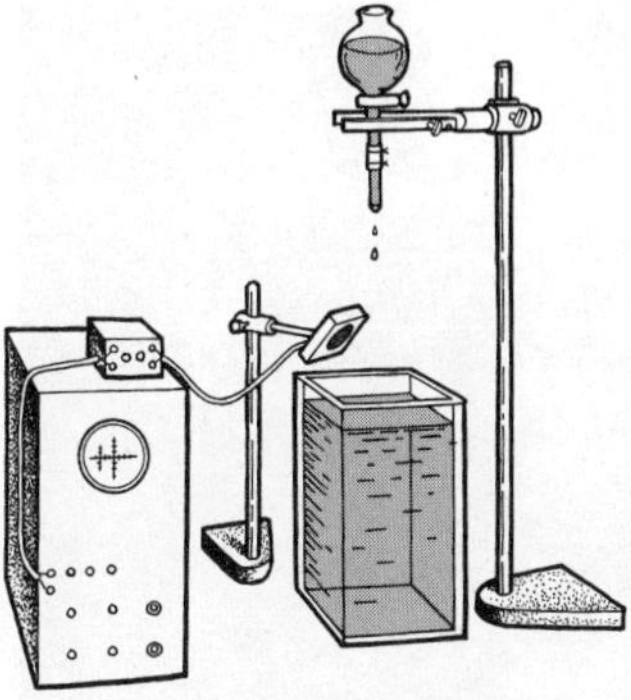

図1

B なるほどねえ。しかしずいぶんきれいな波形ですね。それにまったくエキスポーネンシャルに減衰している。振動数はどれくらいですか。

A 二一〇〇サイクルです。ピアノのまんなかの鍵盤から三オクターブ上のC音の振動数ですよ。外径一〇ミリのガラス管の口を水面から二〇センチ離した高さから水を垂

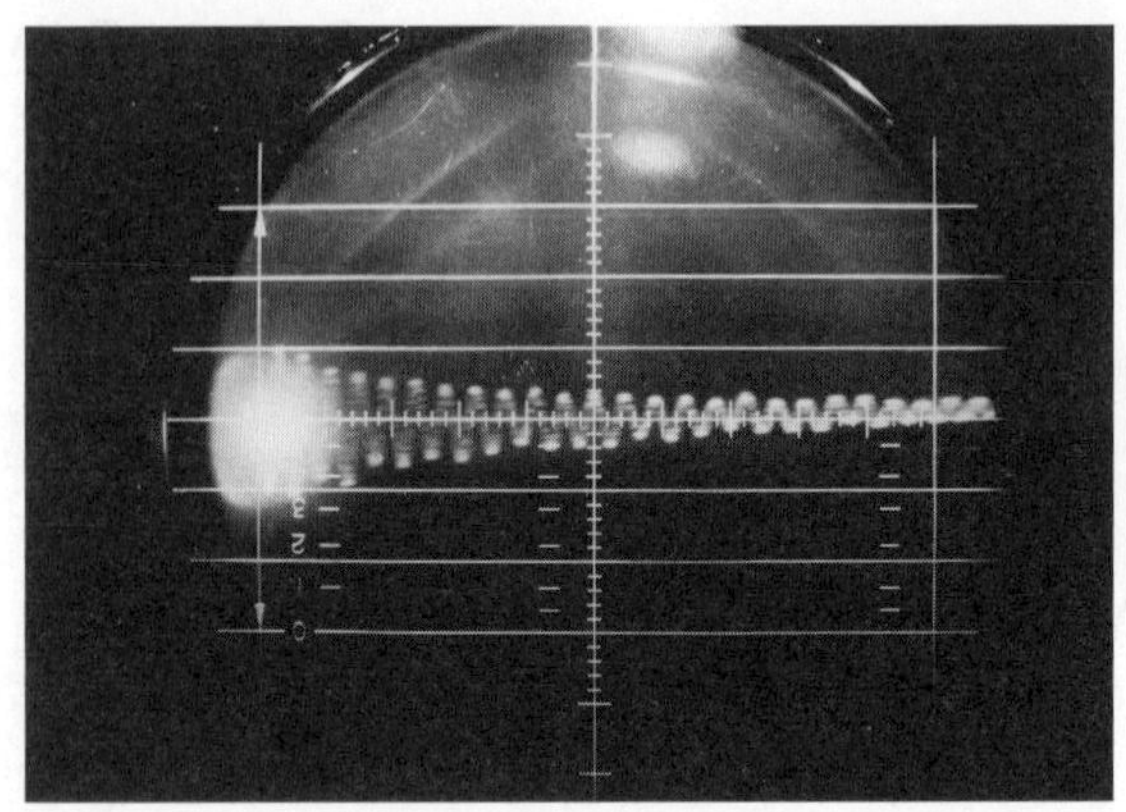

図2

らしてとったものなんですがね。一〇枚とっても一〇枚ともきれいなまったく同じ波形なんです。

B 再現性があるんですね。

A 減衰率は一〇〇〇分の三秒くらいで振幅が半減するんです。とにかくわずか数十分の一秒経てば音は消えてしまうわけですよ。まったく瞬間的といっていいわけですがね。耳には不思議に澄んだ音に聞こえる。そこでです。どうしてこんなきれいな音がするのでしょうね。

B 共鳴器のようなものでもあるというわけでしょうか。

A どうもそれが泡の仕業らしいのです

よ。水玉が水面をたたく。その跡にはたいていあぶくが残っている。あぶくの直径は上から見ると今の条件で四ミリか五ミリくらいです。多少平べったくなっているでしょうから、球形にしてみれば三ミリくらいでしょう。水のなかにその大きさの空気の泡があったとして、水の弾みで空気が伸縮する振動数を勘定してみると、まさに二一〇〇サイクルになるんです。

B　なるほどねえ。すると泡が一種の共鳴器のような働きをするわけでしょうか。

A　まあそういってもいいかな。泡が確かに音を出すらしいが、いったいどういう機構で泡ができるのでしょうね。

三

Aは音の振動数が泡の大きさから計算したものと合うのに味をしめて、泡がどうしてできるかを調べなければおさまらなくなった。一番手っ取り早い直接的な方法は映画に撮影してみることであろう。かなり速い現象だからコマ数も多くしなくてはならない。とにかく一六ミリの撮影機をAは借りてきて、毎秒六四コマでいろいろの高さから垂らした水玉が水面をたたく有様を一本のフィルムに収めた。図3はそのうちの幾コマかを引き伸ばして焼きつけたものである。水面からやはり二〇センチ離して、外径一〇ミリのガラス管の端からしたたらせた水玉が水面をたたく有様である。

B なかなかよく撮れていますね。

A そうでもありませんが。5番目の写真を見て下さい。泡ができているのが、見えるでしょう。形は多少いびつですが、写真に写っているスケールで測って、直径は確かに約三ミリです。

B 黒く見えていますが、インクかなんか入れたんですか。

A いいえ。背景をランプで強く照らして撮ったいわば影絵ですから、黒くみえるのです。よく見て下さい。水面がたたかれると、初めに底の平べったいくぼみができて(2番目の写真)、それが次にきれいな球形のくぼみに発展する(3番目の写真)。まさにその瞬間です。上からなにか亜鈴のような形をした片割れの雫(しずく)が落ちてくるのが見えるでしょう。これが球形の穴の底に二段目のもう一つの小さい穴をたたいてつくる。4番目の写真がその瞬間をキャッチしています。ところでさっきできた大

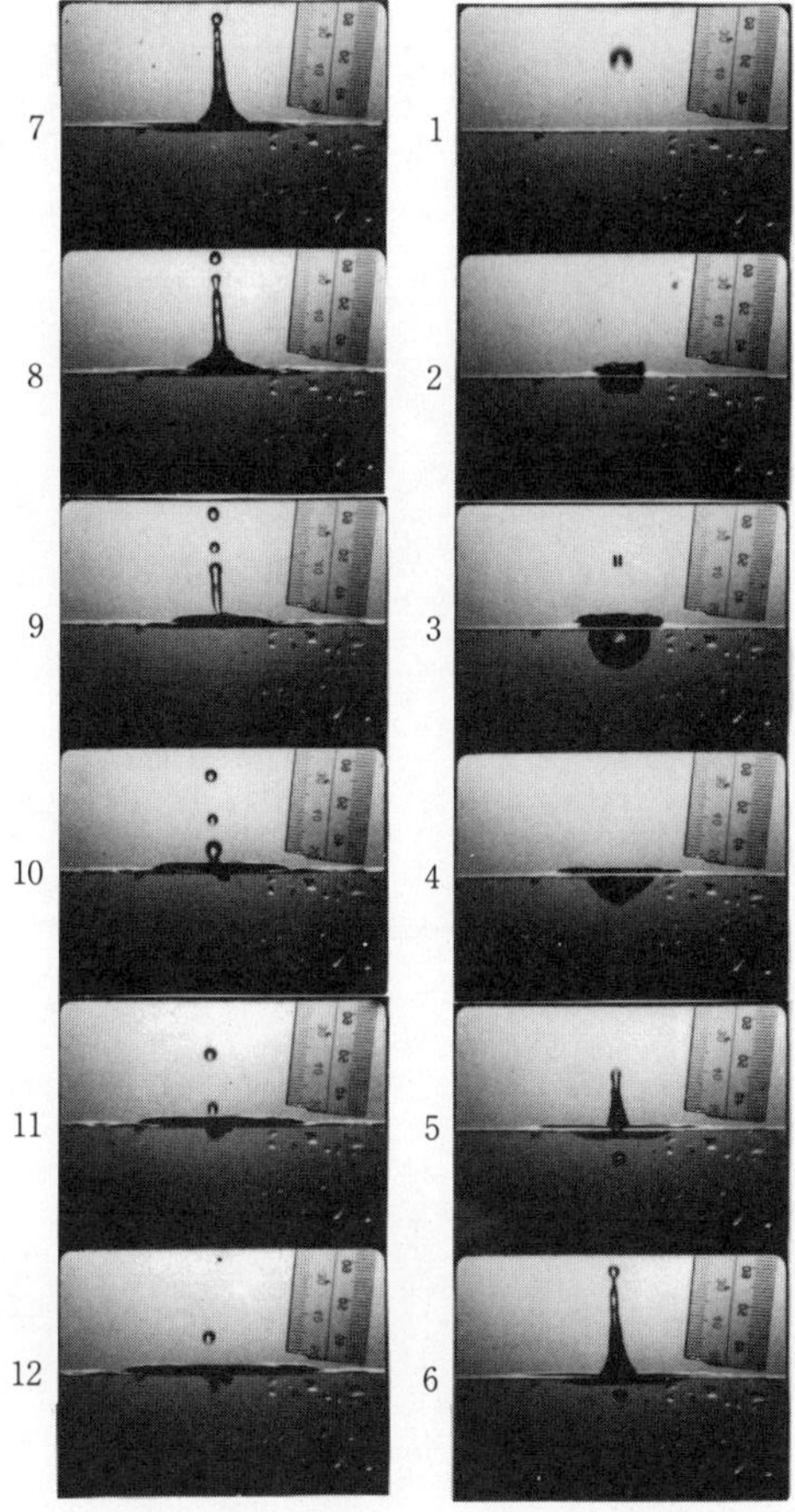

図3

きい穴のほうは今や一斉にしぼみつつあるので、うがたれた小さい穴はそのために封じられてしまいます。そこで泡ができる。これが5番目の写真。あとは跳ね返りの水柱（みずばしら）が立ち上がり、できた泡はそのなかに一旦吸い込まれてしまいますが、結局は吐き出されて水面に浮かぶというわけです。

B　穴が二段階にあいて、二段目の小穴が閉じて泡になるという説明ですね。

A　そうです。実はこの写真を見るまでにずいぶんといろいろ想像をめぐらしてみたわけです。その一つはね、水玉が水面をたたくと穴ができる。それが、ただそのまままふさがって空気を閉じこめるといったごく平凡な想像です。もう一つはね、水滴が落下するうちに先頭がへこんで空気をくわえ、ピシャッとそれを水面に封じ伏せるのではないかと想像してみたわけです。どちらもあたっていなかった。考えてみれば、こうしてフィルムの見せてくれる事実の成り行きのほうが、想像したよりはよっぽどもっともらしい。当たり前ですがね。

B　それはそうですが、まってください。いったい片割れの水滴とおっしゃるが、この写真にはそれが確かに見えていますよ。しかしいつもきまってこの片割れの雫（しずく）が跡をつけてくるものでしょうか。それからね、写真から泡の大きさが三ミリ、振動

数の計算と音の高さが合ったからといって、まだ本当に泡の振動が音の原因だとい
い切れるか、どうでしょう。

四

Aは音の発生機構は泡がつくられることにあるものと信じきっているし、泡は二段階の穴あけ作業でつくられるものと思いこんでいるらしい。が、そうBにいわれてみれば、なにかまだ腑におちない点もあり、ちゃんとした別の証拠を見せてデモンストレートしないわけにいかない。乗りかかった舟だから、というよりはやっぱりもっと本当のことが知りたい心にかられて、Aはガラス管の先から水のしたたる有様を瞬間写真にとってみることにした。その方法はまことに簡単で、ライデンびんに火花放電の電極とそれに直列のクセノン放電管をつなぎ、ハイテンションを掛け放しにして絶えずパチパチ放電させる。つまり撮るものに同期もなにもさせないで気まま放題にクセノン管をパッパッと光らせる。しかし水滴のほうはタクタクと何回でも規則正しく同じ演技をくりかえすから、写真機のシャッターを開き、クセノン管が光ったら閉じ

るという動作を幾回もくりかえすと、自然に水のしたたるいろんな瞬間の写真が撮れ、順序を並べかえてみると、あたかも高速度の映画を見ているもののように見えるという方法をとった。図4はこうして撮ったワンシリーズである。これも影絵である。

B ハハー、なるほど片割れの雫ができますねえ。

A 大きい雫がちぎれたあと、水の細い円柱が取り残されるんです。それがまた上でちぎれるというわけです。こういう水の柱は細いと、形をそのまま保っているのが不安定で、なにか少しでも原因になるものがあると、くびれて数珠玉をつないだような形になる。*

* 「増幅器、ピンからキリまで」(『物理の散歩道』参照)。

B 雫自身の振動もなかなかふるってますね。

A このしたたる一連の様子は電子計算機で計算してみたら面白いでしょう。作用する力は重力と表面張力としかないんだから、形はちゃんと計算できるはずですよ。もっともくびれ方は偶然に支配されますがね。計算結果から映画のフィルムを作る。本物を撮った映画と並べて映写して「どっちが本物か当ててごらん」などといって

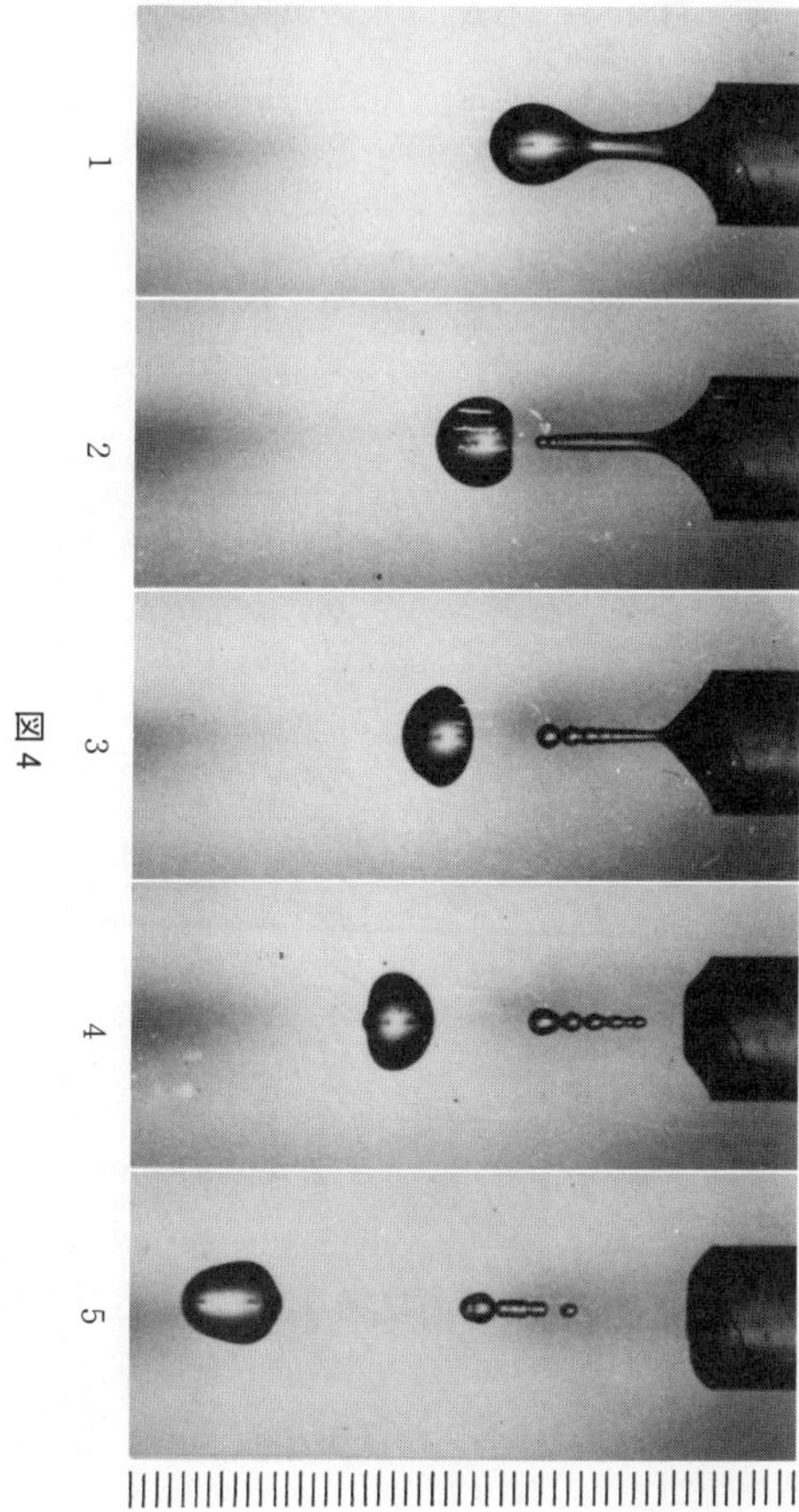

図 4

みるのも一興ですね。

ところで大きい雫の跡を片割れの雫が追いかけることをBに見せるために、Aはもう一つ別の方法を用意していた。もっとずっと簡単な方法であった。鉛直なモーターの軸に水平な小さい円板の金具を取りつけ、それに半径の大きいまるい濾紙(ろし)をはりつけて回転させる。上からインクを混ぜた黒い水のしたたりを落として、これで受けとめてみる方法であった(図5)。図6がそうしてとった例である。

A どうです。確かに紙の上に雫が二つ垂れた痕(あと)がしるされているでしょう。墨痕の面積の比から二つの雫のヴォリュームの比がわかりますよ。正に対して副の方は九%くらいしかありません。

B なるほど、二つ、実に明瞭ですね。真ん中に八つポンポンとつけた印はなんですか。

A モーターの速度を知るためです。これを蛍光灯で照らしてみていると、なにか黒ずんだものが止まって見える速度がある。そう調節すればストロボで速度が分かっ

た値になるのです。こうして正副一対の雫の落ちてくる時間差は約1/30秒であることがわかったわけです。

B なるほど。

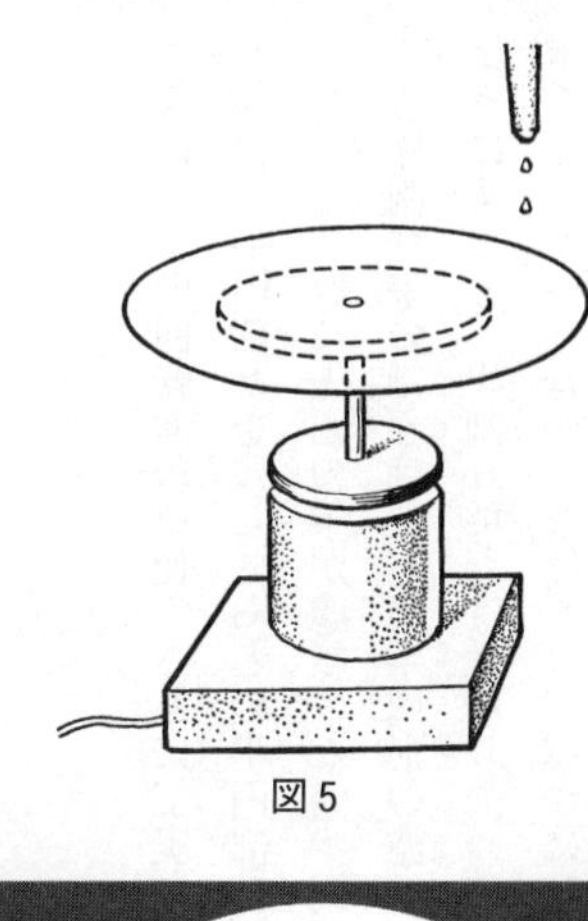

図5

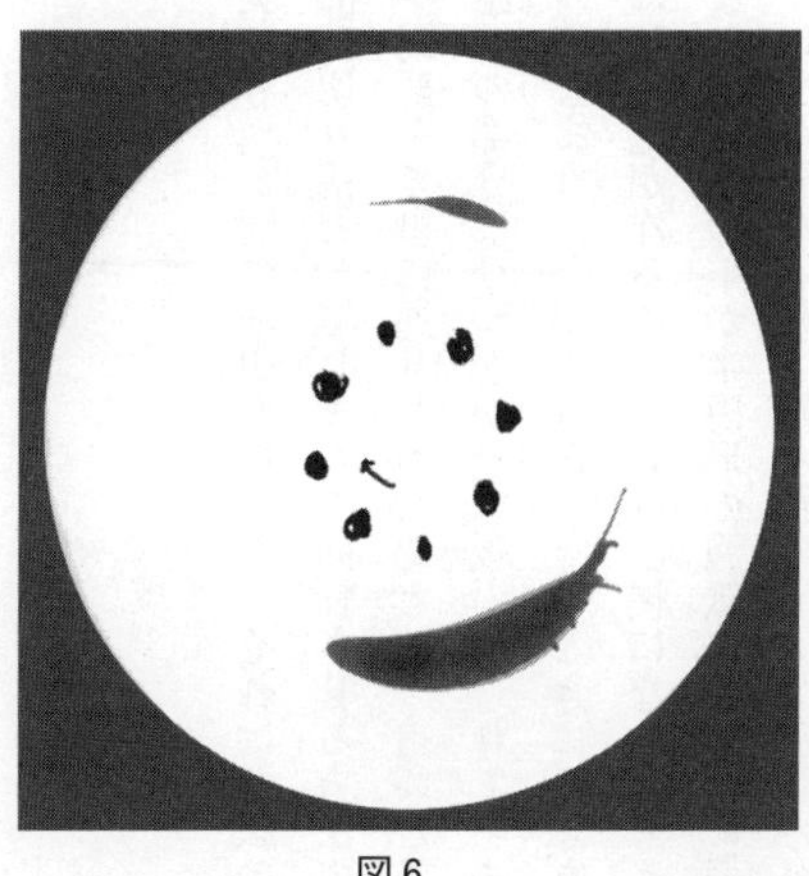

図6

五

Aにはその回転濾紙を使うことに、実はもっと別の魂胆があった。それは濾紙の中心部分と半円部とを残してあとの半円部は切り落としてしまって回転させる方法であった。もし仮に先頭の雫が濾紙のない半円部を無事に通りおおせたとし、追いかけてくる片割れ雫のほうはあとの半円形の濾紙の部分にひっかかって吸い取られてしまうようにすると、片割れ雫だけは取り去ってしまうことができる。そのときにもしあのポチャンという音がしなければ、確かに音は泡が作るのだという証拠になると考えた。ところが雫はいつ落ちてくるか分からない。先頭の雫が半円形の濾紙に触れずに通過するかどうかはチャンスの問題である。あとの雫のほうは吸い取らねばならないが、この方は両者の落ちてくる時間差1/30秒のあいだに濾紙がちょうど半回転するように、モーターの速度を調整しておくことによって、先頭の雫が通過する限り成り立たせることができる。とにかく二番目の雫が濾紙につかまったかどうかは濾紙の上に印を残すのであるから、条件が成り立ったかどうかはあとから確実にわかる。そこで音がでたかでなかったかとの対応を調べればよい。こう考えてAは実際に試みてみた。しかしどうもはっきりしない点が残るのである。確率的に条件が整うこのような方法によるとすれば、相当たくさんやって統計的に調べてみないといけない。それと回転する濾紙の半円形のすき間をあわよくばすり抜けても雫は回転体による空気の動揺で形が崩れるかもしれない。そういうわけで、はっきりしないなりにこの方法はやめてしまった。その代わりAはもっとずっと確実な方法で、とうとう泡の発生と音の発生とが対応することを確かめ得たのである。

それはただ一つだけ雫ができて、片割れの雫はできない滴下法を見つけることができたからである。そして、こうすれば例の音が発生しないことも確かめられた。実はなんでもないことであった。水滴の垂れるガラス管の端に先のとがった金属の棒を挿し込み、棒の表面に沿うて水を流し、その先端からしたたらせればよかったのである。こうすると雫はおむすびのような形にはなるが、片割れの雫は生じない。図7の瞬間写真がそれを物語っている。図8の回転濾紙の記録もそれを示している。AはBにこの雫を水面に落としてみせた。

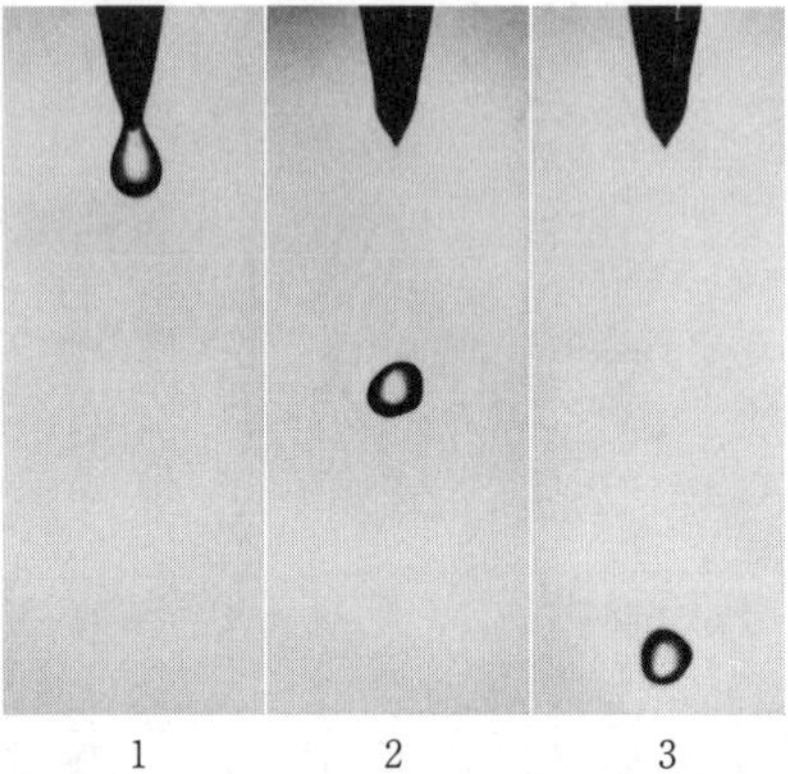

1 2 3

図7

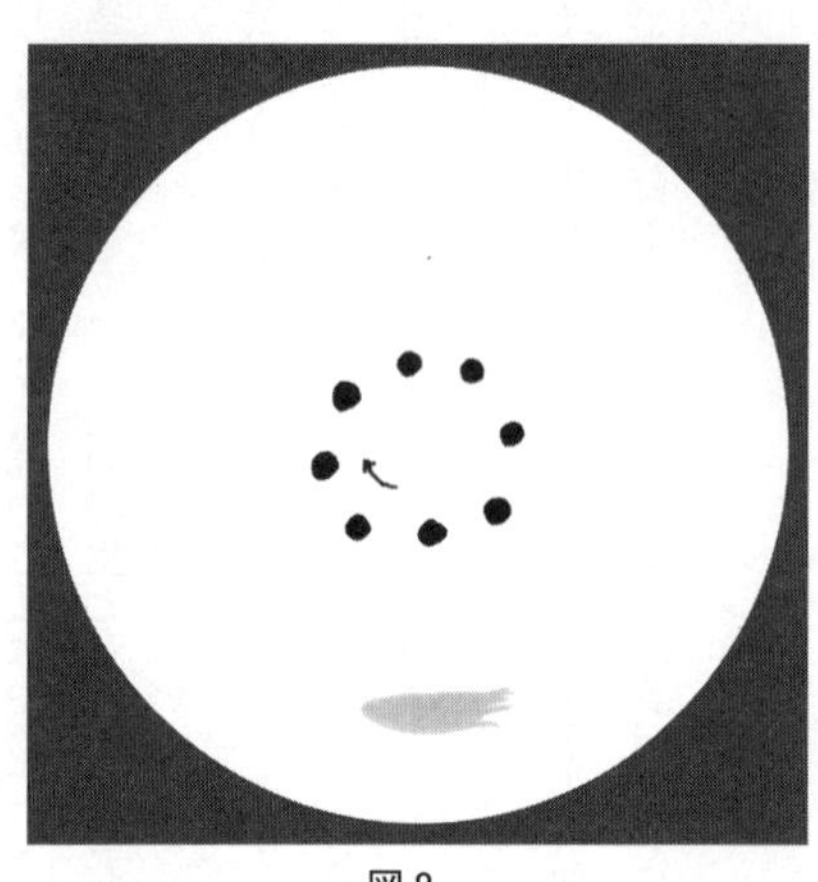

図8

A どうです。こうすると音が聞こえないでしょう。

B いや、かすかになにか聞こえるようですよ。でも、あの水玉の落ちるときのはっきり冴えた音は、全然聞こえませんね。実にかすかな別の音が……。これは丸い水滴が水面にバサッとぶつかる音かなにかですかね。

A　ぼくにはそれもほとんど聞こえない。

B　これで確かに水玉のあのきれいな音は、泡ができてそれから出る音だということがはっきりわかりましたね。

六

Aはまだ一つ大事なところが残っているように感じた。それは泡ができる過程でどの瞬間に音が出始めるかということである。二段目の穴が塞（ふさ）がって泡ができ、それが振動して音が発生することに間違いはないが、その出始める瞬間はいつか。それが確認されると事情は一層明白になる。そう考えて泡の発生する過程で何枚かの瞬間写真をとり、同時にその各瞬間が音波の波形のどの位置に当たるかを調べてみることにしたのである。図9がその結果で、左側が瞬間写真、右側が音波の波形記録で、その中に写真を撮った瞬間の時刻が重ね焼きされている。光点の二つある二現象観測用のブラウン管を使ったもので、光点Aは左から右へ水平に動く途中で一段下がっている。その下がったところが照明の瞬間の時刻を示し、光点Bの描く音波の波形のどの位置

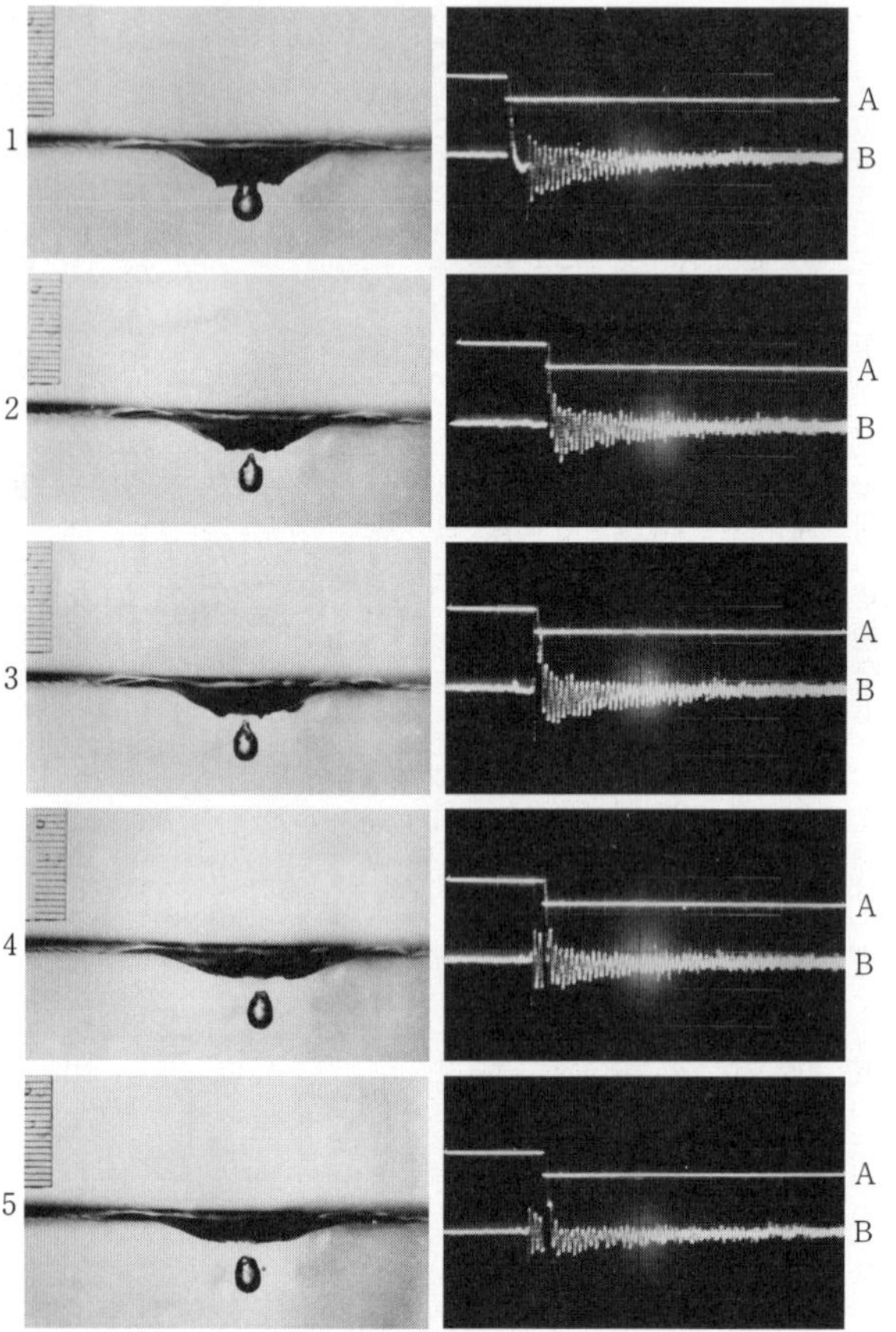

図 9

にそれが位置しているかを見ることができる。音の振動数は約二〇〇〇サイクルであるから、これをタイムマークとみれば前後の時間がわかる。

A　見て下さい。確かに泡が閉じた瞬間に音が出始めるのです。写真1は音の出始める二ミリ秒前、2はまさにその瞬間、3は〇・二ミリ秒あと、さらに4は一・二ミリ秒あと、5は一・七ミリ秒あとに撮った写真であることがわかります。

B　みごとなものですね。

A　この写真は協力者のM君が苦心をして撮ってくれたものです。

B　よく泡の出来る瞬間がつかまりましたね。

A　これにはなかなか技巧がいるのでしてね。水玉が落ちる途中、あるところまで来ると、横から照らしている細い光線を遮る。その瞬間からちょうどある時間だけ遅らせて瞬間撮影用のクセノン管を放電させる、その遅らせる時間を電子回路で完全にコントロールして少しずつ変えてとったものなのです。

B　なるほど……。

A　泡がぶどうの種のような格好をしているでしょう。

B そうですね。それにくぼみの底は富士山のいただきをさかさにしたような形でゴツゴツしているじゃありませんか。

A くぼみがしぼむ途中に皺がよるのでしょう。しかしわずか一ミリ秒もすればそれが滑らかになってしまうのですからね。表面張力でね。

七

いよいよ本題に入らなければならない。水の温度が高いか低いかによって音が違うことを説き明かそうというのがもともとの目的であった。そのためAは水槽のなかに投げ込みヒーターを入れて、水の温度を八三度に加熱した。垂らす湯も同じ温度にして湯滴の作る音をマイクロフォンでキャッチした。またあくる日、冷蔵庫の氷を浮かべ、温度を五度まで冷やして、その音もつかまえた。波形の記録を図10に比較して示してある。

B 振動数はほとんど違わないのに、減衰率がひどく違うのですね。

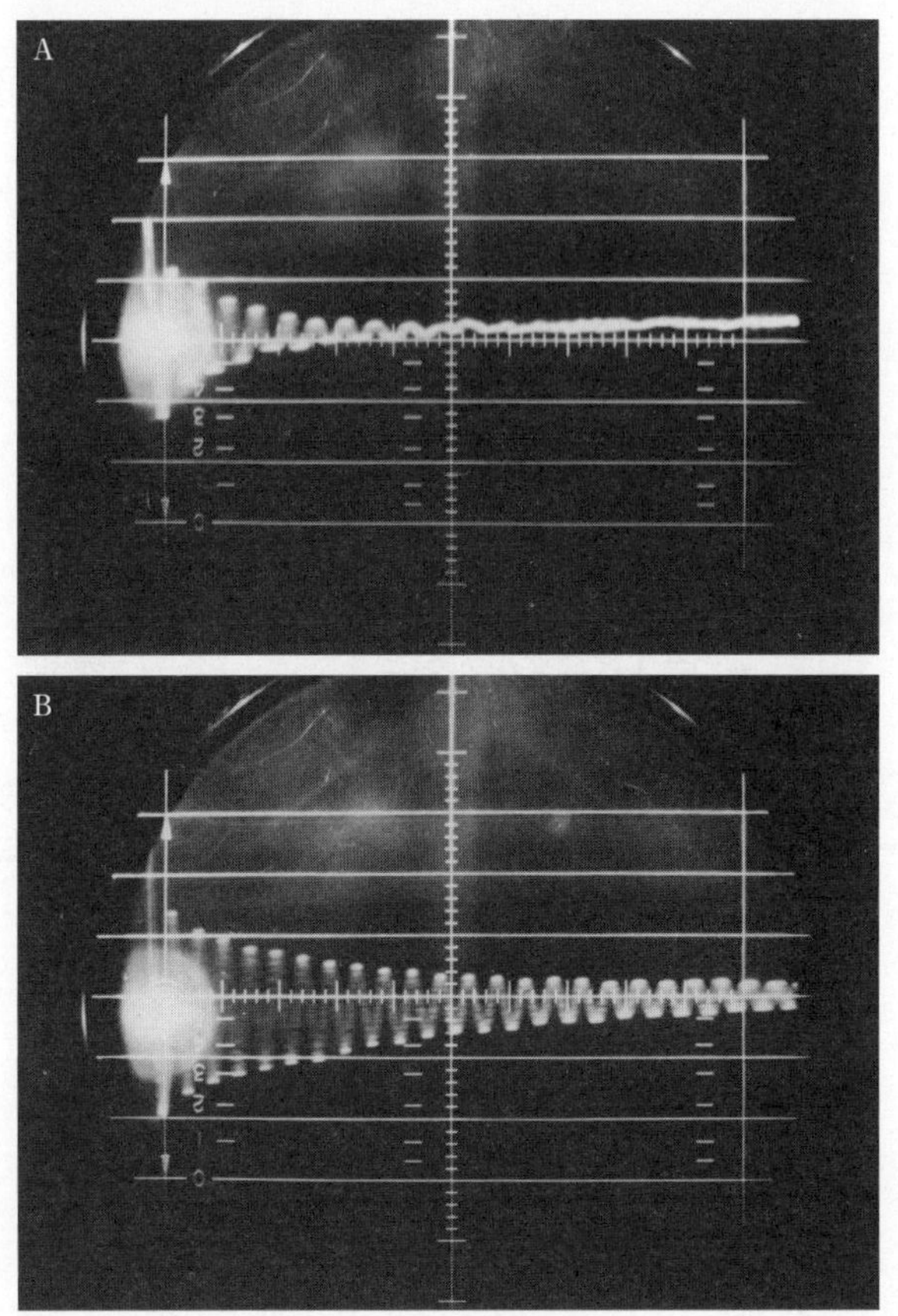

図 10　A：83℃，B：5℃

A そうなんですよ。振動の半減する時間は、温度が五度、八三度のとき、それぞれ一〇〇〇分の三秒、一〇〇〇分の一秒です。それを耳で聞くと温度が高いときにピチピチといったような音に聞こえ、冷たいときにはキンキンというむしろ金属性に近い音に聞こえるのです。

B どちらにしても数十分の一秒内に消えてしまう音なのでしょうが、それを耳で聞き分けることができるわけですね。

A しかも温度を聞き分けることができるというわけです。一体温度が高くなるとなぜ速く減衰するのでしょうね。

B 温度が高くなると水の粘度が小さくなるという話でしたが。それとこれとは関連がないでしょうか。

A 実は水滴を落としたあと、温度が高いと水面の波はいつまでも鎮まらないのです。水が冷たいときは油に似た様子で波はじきにおさまるのです。ところが音の方は温度の高いときのほうがかえって速く減衰するのですから水面の波とはちょうど反対ですね。つまりこの場合は水の流動性は音の減衰には直接あずからないのではないかと思うのです。

Ａは振動の減衰が温度が高くなると速くなるという事実を結局次のように説明した。泡のなかに封じ込められた気体は空気だけではなく水蒸気が含まれる。飽和しているとすると温度が二〇度ではそれが分圧で二・三％くらいに過ぎないのに八三度では五三％、つまり水蒸気と空気が半々である。その泡がまわりの液体の水の弾みで膨脹・収縮する。収縮するときに空気のほうは圧縮されて圧力を高めるが、水蒸気のほうはまわりの水の壁に凝結して、分圧は変わらない。反対に膨脹するときは蒸発して分圧はやはり変わらない。もっともこれは等温であるとしての話で、膨脹・収縮が非常にゆっくり行なわれる場合にそうなる。いま考えている振動の場合のように急速に膨脹・収縮が行なわれる場合は、凝結、蒸発に遅れ、つまり熱が即座には外へ伝わらないため凝結のときの壁の温度は高目に、蒸発のときは低目に、したがって収縮のとき蒸気圧は高目、膨脹のときは低目になる。どちらも振動を抑制する向き、つまり振動する運動にいつも逆らう向きの力が働くことになる、それが減衰を引き起こすのであるという説明をした。

八

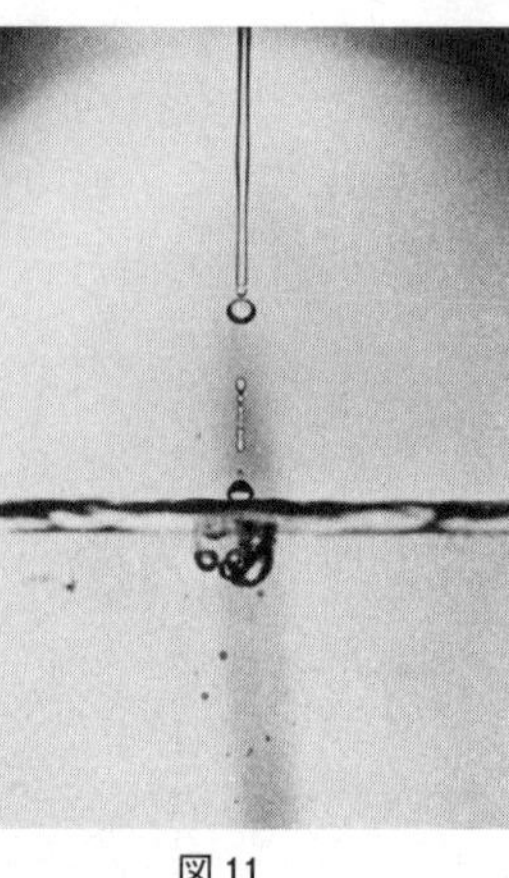

図11

水道の蛇口を細めに開けたとき、滑らかなすきとおったような水の柱が伸びて、その先のところで小さい水玉に分かれ、水面にあたってチャラチャラ、チョロチョロと音をたてることがある。そのときの有様を瞬間写真に撮ったのが図11である。水玉と水玉のあいだに例の細い水柱のくびれたのがはさまっているのが見える。音の発生機構は、ポツポツと一つずつ雫が落下するときとやはり同じであるとAは説明する。お茶に湯をつぐときもこんな水玉が作る泡が音をたてるのであるというのである。

あとがき

この話題は一九六七年四月、丹羽利一氏がロゲルギスト同人宛次のような質問の葉書を寄せられたのによる。(1)お茶を入れるとき湯の熱さ加減は湯を注ぐときの音でわかるというのはいったい物理的に根拠のあることかどうか。(2)コンデンスミルクのような粘い液体をスプーンですくって、またもとのミルクの上に垂らすと、垂れた先がミルクの上で自然に渦を巻く、その原因は何かとのことであった。その第一の質問に対する答がこの文の話題となったものであり、最初一九六七年九月号の『自然』に掲載されたが、本稿にはそれに第六節の実験の記載が追加してある。ここに話題を提供していただいた同氏に厚く御礼を申し上げる。また実験は牧野忠由氏が苦心して協力して下さったもので併せて深謝の意を申し述べる。

（ロゲルギストI）

蛇行よろめき談義

一　蛇のみちゆき

A　蛇が這ってゆく。あれはどうして前進しているのか、誰か考えてみたことありませんか？

B　確かではないけど、ウロコで這うんだ、という説もあるね。つまり、蛇がウロコをムカデの足のように使って進む、ということだけど。

C　ほんとかな？　なんだかまゆつばものくさいね。

D　なんでも、誰かが実験をして試してみたところによると、まっすぐのガラス管の中に蛇を入れると、前に進めなかった、ということを聞いたような気がするよ。

B　それは、ガラス管の壁がすべるので、ウロコでかきようがなくなるのじゃないかな？

D　いや、ガラス管でも、管がある程度くねくねしていれば、くねくねした管にそって前にぬけていく、ということだったと思う。

B　なるほど。とすると、ウロコでかくというムカデ方式はうそだ、ということになる。いや、ぼくもあまり信用していたわけではないんだ。

E　蛇の這い方の最大の特徴はくねくねと這っていくことだよね。先ほどの曲がったガラス管の中に閉じこめられた場合も、ふつうの地面の上でもね。だから、蛇が身体をくねらせるのが前進するための努力だ、と思うのが自然なんだろうね。

F　多分その線で考えるべきなんだよ。同じ長い動物でも、ミミズなどの進み方は蛇とは全然ちがっていて、あれは身体をまっすぐにしたままでも、部分的に伸び縮みをさせながら前進することができる。ところが、蛇は背骨があるから、部分的に身体を長くしたり短くしたりすることはできないわけだよ。

E　そう。だから、蛇の身体がどんな形をしていようと、その形に沿って測れば、頭の先から尾の先までの全体の長さは変わらない。ただし、実際に頭の先から尾の先までの直線距離はたいへん変わるわけで、まっすぐのときに一番離れており、とぐろを巻いたりすればたいへん近くなる。

C　それは人間だって同じで、頭の先から足の先までの身体に沿っての全長はやたらと変えようはないが、実際の距離は、足、腰、背骨などの曲げ方でかなり大幅に変えられる。もっとも、蛇と人間とでは曲げられる程度にずいぶんと差があるわけで、人がとぐろを巻いたりすることはできない。

G　よく蛇が人や動物に跳びつく、というけれど、つまりはとぐろを巻いた姿勢から急に伸び切った姿勢に変わるということなんだろうな。

C　それは人が何かに跳びつく動作と原理的には全く同じだね。だから、人が身長以上の木の枝に跳びつくことができるように、蛇が自分の伸び切った体長より少々遠い所にあるものに跳びつく、といった動作も含まれるわけだ。ダイナミックにね。

A　跳びつく話はそのくらいにしておいて、蛇が想像以上の屈曲性をもつことを出発点として、とにかくどうして這うかを考えてみようよ。

二　シャクトリムシ方式

C　シャクトリムシ方式というのはどうだろう？

B　というと？

C　シャクトリムシは身体の部分部分の伸び縮みはあまり使っていない。つまり、身体を曲げて、伸ばし、曲げて、伸ばし、……といった運動を繰り返すだけだ。ただし、これだけでは一方向に前進するわけはないんで、たとえば木の枝に対して、頭のほうをつけて尾(?)のほうを浮かせて身体を曲げ、次には尾のほうをつけて頭のほうを浮かせて身体を伸ばす、といった整流性の動作を繰り返すわけだ。

B　それはそうだが、シャクトリムシが身体のそれぞれの部分を木の枝から浮かせたりくっつけたりするのは、何か吸盤のようなものがあるのじゃないかな？　蛇ではその仕掛けが考えられない。

C　その点が問題なんだけれど、たとえば先ほど問題になったウロコが、すべて後ろ向きに生えている、としたらどうだろう。ちょっと表現がまずいけれど、つまり、まっすぐな蛇を頭のほうへ引きずるときのマサツは小さくて、逆に尾のほうへ引きずるときのマサツは大きい、というふうにウロコが生えていると考える。

B その理屈は、スキーで斜面をのぼるときに付けるシール（あざらしの皮〔滑り止め〕）と同じだね。

C そういうこと。仮にそうだとすると、まっすぐの蛇が身体の一部をくねらせて頭と尾を近づけようとするときは、頭よりも尾のほうが引きつけられやすく、次に身体を伸ばして頭と尾を遠ざけようとするときは、尾よりも頭のほうが遠ざけられやすい。ということで図1のようにして、身体の一屈伸ごとに前進できることになる。

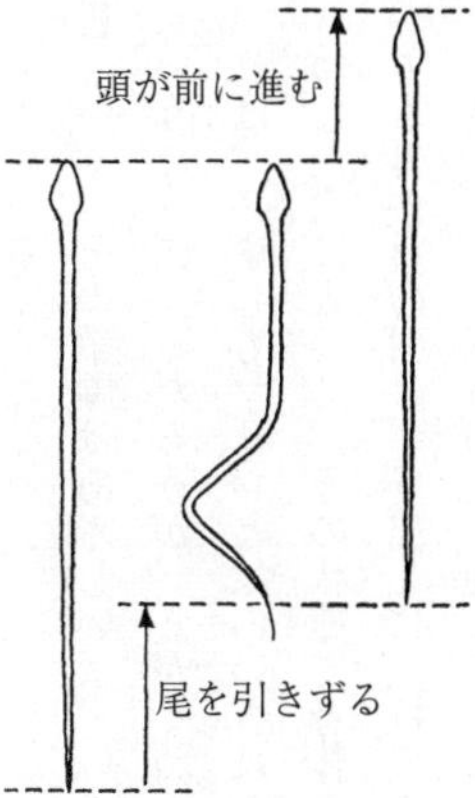

頭が前に進む

尾を引きずる

図1

B うーん。うまそうな話なんだが、ウロコにそんな整流性があるのかな？

D 子供のときにいたずらをした記憶なんだが、穴から尾だけ出している蛇の尾を引っぱって引きずり出そうとしても、容易には引き出せない。とすると、ウロコの生え方はたいへんな抵抗になるということかな。

E いや、その議論はあやしいよ。いま問題の穴がまっすぐだと分かっていればそういうことになるだろうが、穴がくねくねしていて、穴の太さが蛇の幅ぐらいだとすれば、必ずしもマサツとはいいきれない。つまり、蛇が自分の太さぐらいのくねくねした穴に入って、その状態で身体を硬くしてしまえば、たとえマサツが全然なくても外からの引きずり出しに抵抗できるわけだ。例のくねくねした針金を、針金の太さくらいの長目の穴を通してしごくようにして引っぱるときの抵抗と同じ理屈さ。

D なるほど。とすると、ウロコの抵抗説はあやしいかな？

F 実際にどうかは分からないけど、仮に蛇のウロコが後ろ向きに生えていたとしても、そのために前に進めるんだと考えるよりも、前に進むのはウロコとは別の原因で、ただ前に進むのに具合がいいようにウロコが後ろ向きに生えているんだと考えるほうが、ぼくには自然に思えるね。

E ぼくもその意見に賛成だな。

G ところで、ウロコの整流性は別として、蛇の這い方の特徴として、くねくねと這うことのほかに、頭の先がとおるみちすじと尾の先がとおるみちすじとが同じように思えるんだが、いまのシャクトリムシ方式だと、そうはいかないんじゃないかな？

C 実はその点もちょっと具合が悪いんだが、同じみちすじといういい方にどのくらい余裕を持たせるかによることになる。図2のように、蛇がくねくねさせた形の振れ幅を増したり減らしたりする動作を繰り返せば、原理的には図1と同じことで、一周期ごとに振れ幅のちがいに応じた分だけは、前進できることになる。だから、先の話のように、蛇の太さにほぼ近いガラス管の中では、振れ幅がほとんど変えられないから、この方式では効率が悪く、管がくねくね曲がっていても前進できないということになる。その点、どうもまずいんだな。

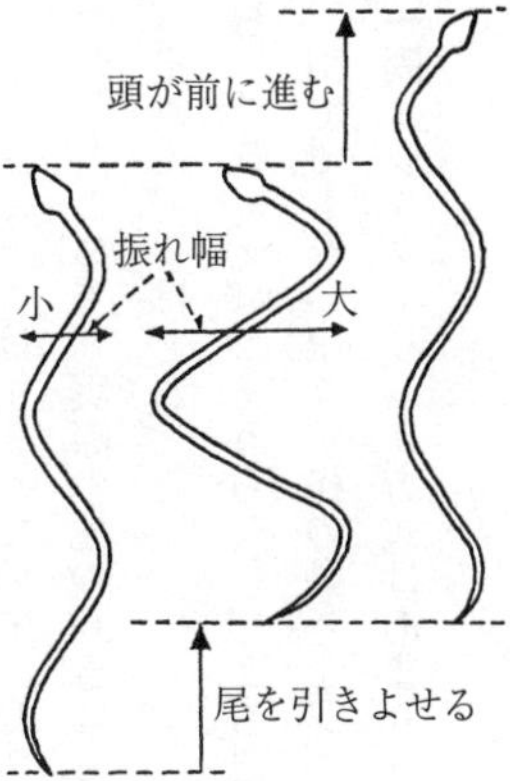

頭が前に進む
振れ幅
小
大
尾を引きよせる

図2

A それから、もう一つシャクトリムシ方式の特徴として、動きが間歇的だということになりますね。たとえば、蛇の頭の動きをみていたとすると、身体が曲がるときは止まっていて、身体が伸びるときに前に進む、といったふうにですね。ところで、実際の蛇の動きはもっと滑らかで、すーっと動いて行くようにも思えるんですけどね。

B そういえば、そうらしい、とも思えるが、どうも観測不十分だね。何しろ、動物園ででもない限り、蛇の動きをジッと見つめるといった余裕はあまりないからね。

一同 シャクトリムシ方式はあまりうまくなさそうだな。

三 スケート方式

D ちょっと話がとびすぎるかもしれないけど、蛇の這い方というと、ぼくはなんとなしにスケートが連想されるんですがね。蛇の何とスケートの何を対応させるかはともかくとして、前進するのに左なり右なり、ともかく斜め後方にふんばって、その反動で前進する、といった要素は何かヒントになると思えるんですがね。

一同 これは新説だ。拝聴しましょう。

D いや、そう開きなおられると照れくさいですけどね。つまりはスケートの場合、氷にふれた状態のスケートのみちすじは人の前進方向とは斜めになっていて、そのみちすじに沿った接線方向には滑らかだが、みちすじに直角の法線方向には人がふんばって氷面を蹴ることができる(図3)。それで、左足で左後方に蹴り、右足で右後方に蹴る、といった動作を繰り返すことによって、左右方向には抗力がバランスし、差し引き前進方向だけの力が得られる、というわけですよ。これを適当に修正すれば、うまく行きませんかね？

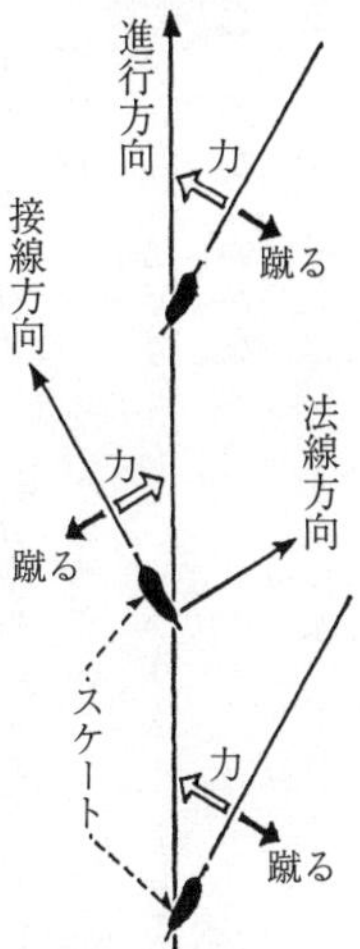

図3

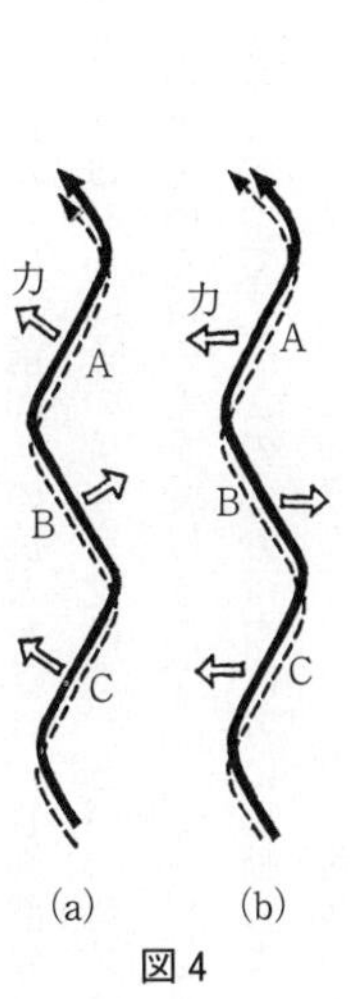

図4

一同 さーてね？

G こう考えてみたら、どうだろう？ いいですか？ いま、蛇が図4の実線の形から点線の形に姿勢をかえようとしたとする。すると、Aの部分は右後方に移動しようとするから、地面からは左前向きの抗力を受け、Bの部分は左後方に移動しようとするから、地面からは右前向きの抗力を受ける、といった具合で、スケートと同じに合力としては前進方向だけの力を受ける(図4(a))、ということになりませんかね？

A なんですって？ Aの部分は右後方に移動しようとするから、地面からは左前向きの抗力を受ける、というんですね。……ちょっとおかしいんじゃないかな？ えーっと？ 初めに、蛇が実線の形から点線の形に姿勢をかえる、といわれた意味は、仮に下地とのマサツが全然ないとか、蛇が宙に浮いたような格好で、ただ単に実線から点線に姿勢をかえるという意味ですよね。

G おかしいかな？

A いや、それはいいんですよ。そうすると、いま外からの力は、はたらかないとしたんだから、蛇の重心の位置はかわらないはずで、そうだ、頭の先とか尾の先に注目すれば明らかなように、蛇の身体のどの部分をとってみても、それは左右方向にしか動いていない。したがって、実際に下地から抗力がはたらく場合には、抗力もまた左右方向にしか作用しない(図4(b))、ということになる。だから、だめですね。

G やっぱり。

B　いや、必ずしもだめとはいえないんじゃないかな。つまり、蛇の身体の一部分の移動に対して、まわりからの抵抗力に方向性がないとするからだめになるんで、まわりからの抵抗力が方向によってちがえば話は別だ。スケートの場合に、エッヂに平行には滑りやすいがエッヂに直角には滑らない、という事情が本質なんだから、蛇の場合にも、それぞれの場所で蛇の長さに沿った接線方向の抵抗力は小さく、長さに垂直な法線方向の抵抗力は大きい、ということであればよい。

A　なるほど。

B　そのためには、もちろん地面が一様であってはかなわないが、たとえばちょっとした凸凹の起伏があればよい。極端な例として、先のA、B、C、……に相当する場所に立ち木があったとすれば話はかんたんで、図5でわかるように、実線から点線に形をかえようとすると、立ち木からの抗力はすべてそこでの蛇の身体に垂直に作用する。要するに、人がスケートで氷面を斜め後方に蹴って走る代わりに、蛇はわきばらで立ち木を斜め後方に押して前進する、ということになる。

C　なるほど、これはうまい。三人集まれば何とやら、ということだね。

A　すると結局、スケート方式だということになると、蛇の這う下地がまったく一様

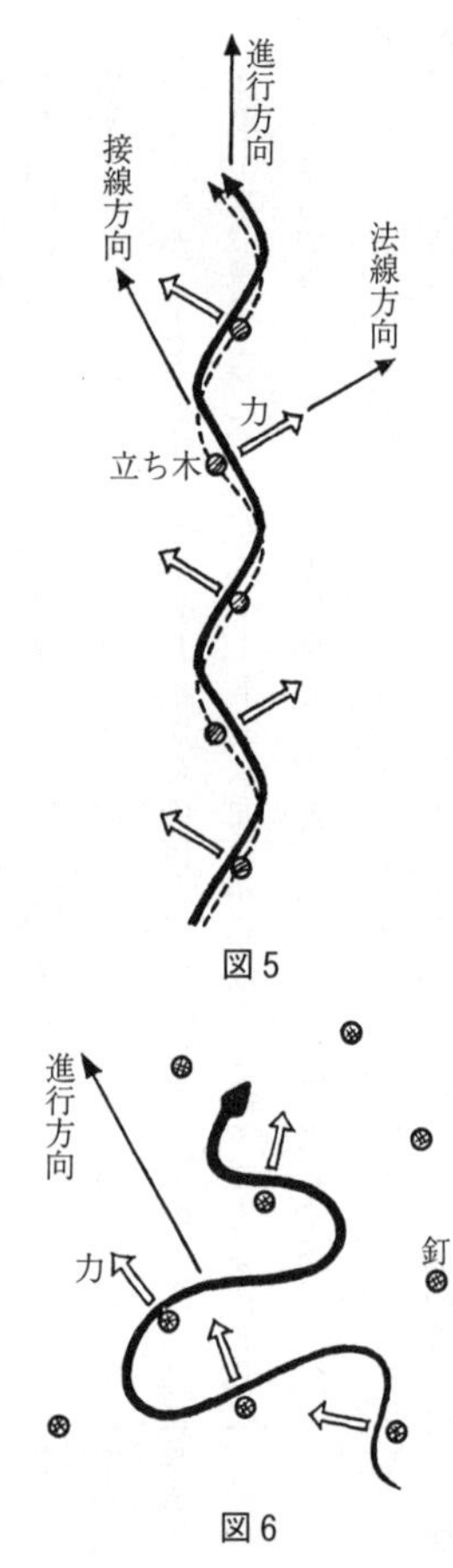

図5

図6

ではだめだということになるわけだね。

D そういうことだと、真っ平らな木の板の上では蛇は進めないけれど、所々に釘を打ちつけておけば、蛇は適当に身体を釘にこすりつけながら、好きな方向に進める(図6)、ということになる。これはひとつ実験をしてみたいものだな。

F 全くだ。一本一本の釘は蛇にとっては唯一の足場だというわけだ。

A それから、スケート方式が先のシャクトリムシ方式とひじょうにちがう点は、頭の先から尾の先まで、蛇の身体はくねくねと曲がってはいるが、蛇の太さだけの一本のみちすじをきわめて忠実にたどる、という特徴が目立つわけだ。初めに誰かが、蛇の太さ程度のくねくねしたガラス管の中でも蛇はすりぬけていく、といった実験があるとかいっていたが、スケート方式では説明になんの困難もないことになる。

B 地面が一様で凸凹がない場合はどうかということが気になるが、一応めでたしめでたしということかな。

四　こぼればなし

E 実は何本かの立ち木の中を縫うようにくねくねと這っていく蛇の運動については、ぼくはなんとなしに「ねじ」の運動を連想していたんだが、スケート方式の図5をみているうちに、いくらか対応関係が分かったように思うんだがね。

A つまり、蛇の運動がねじの運動に通ずる、というわけなんだね？

E そうなんだ。図7で分かるように、たとえば正弦図形の実線は、一つの円柱上に描いたラセン図形を軸に平行な平面上に投影した図形に相当する。そして、同じ正弦図形の点線は、上のラセン図形を軸のまわりに少し回転させた位置での同一平面上の投影図形に相当する。

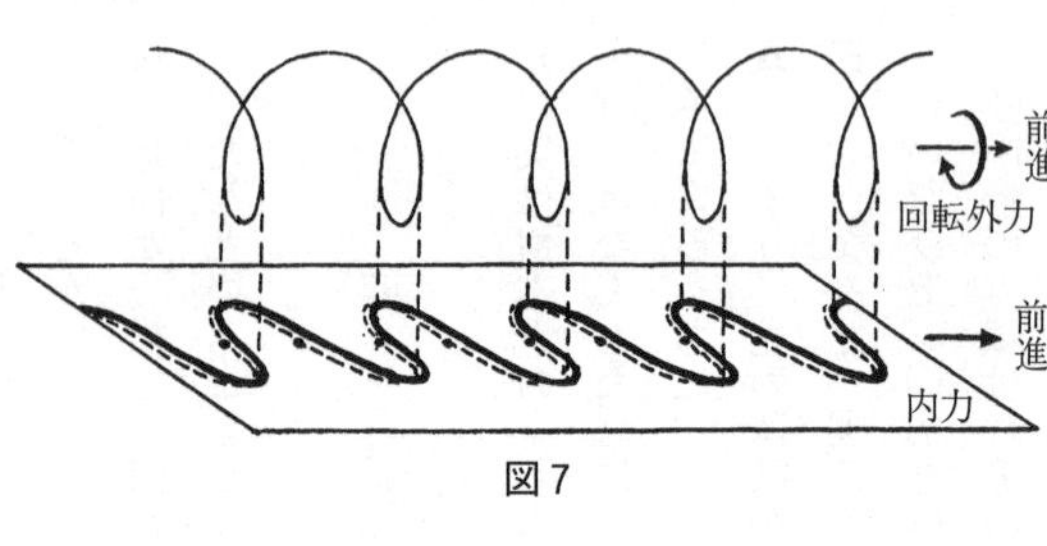

図７

A　なるほど、そのとおりだね。

E　ところで、ラセン図形を雄ねじとみたてて、図には示してないけれど、ちょうどこの雄ねじとかみあっている雌ねじがあって、雌ねじのほうが固定されているとすれば、雄ねじを回転させればそれは前進する。そこで、平面図形のほうについては、実線の形から点線の形にかわるときに、相手の立ち木が雌ねじの役割を果たして、正弦図形全体を一方向に押し出すことになる、といえるわけだ。

A　つまり、ねじ方式だといいたいわけなんだね。ところで、ねじというのは回転力を前進力に変換する仕組みだということで、蛇の場合は回転力がはたらくわけでもないし、ことに外から力が作用しているわけではない。

E　そのような意味ではもちろん対応は成り立たないわけで、逆ないい方をすれば、それこそが蛇の運動の特徴といっていいんじゃないかな？　まず、蛇では回転力は関係しない、というのはもちろんのことで、蛇が図5とか図7の実線の姿勢を点線の姿勢にかえようとする努力が、単にねじの回転力に相当する、というだけのことである。また、ねじの場合に回転力としての外力が前進の力に変換されたのが、蛇の場合には蛇が自分の姿勢をかえようとする内力が前進の力に変換される、というだけのことで、たとえば「入力としての仕事が出力の仕事に変換される」といった表現でいい表わせば、全くちがいはないわけですよ。いずれにしてもわれわれ人間にとって感覚的にピンとこないというのは、蛇が姿勢をかえようとする時の努力が、身長に沿って、ある場所では左わきばらの筋肉を縮め、別の場所では右わきばらの筋肉を縮める、といった複雑な動作になるわけで、実感として把握しきれない、ということだろうね。

A　なるほど。「蛇の道は蛇」というわけだね。

一同　まったくだね。

F　ところで、「蛇の道は蛇」ということに関連してちょっと一言。

初めに誰かが、蛇の太さぐらいの細い曲がりくねったガラス管の中でも蛇はすりぬけていく、といったが、そのときの蛇の姿勢のかえ方について、次のような表現もできると思うんだ。図8をみてくれたまえ。いま図8(a)の位置から少し蛇が前進して図8(b)の位置に移動したとする。このとき、(a)の位置での蛇の姿勢と、(b)の位置での蛇の姿勢はわずかながらちがっている。そういう見方をすると、(a)の位置にある蛇が(b)の位置での姿勢をとるように努力すれば、壁からのマサツにさまたげられない限り、自然に前進することになる。

G とすると、逆に(b)の位置にある蛇が(a)に相当する姿勢をとるように努力すれば、自然に後退する。つまりは、蛇が管からうける力を力として扱わないで、ポテンシャルで扱う、ということだね。

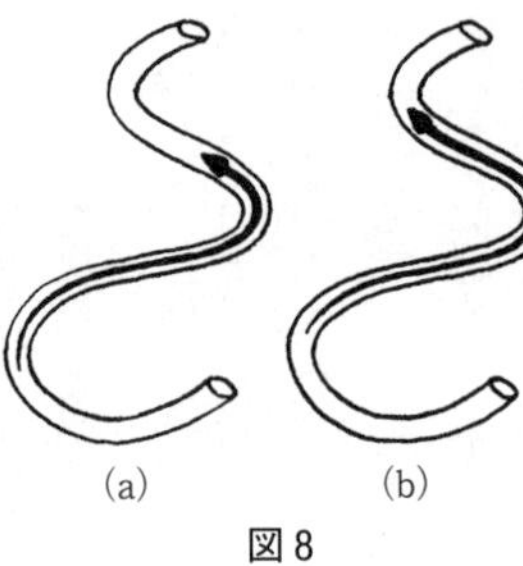

図8

F そのとおり。そこで問題は、位置によって蛇の姿勢がかわらないような形の管の中では、スケート方式による限り、蛇はにっちもさっちも行かなくなる。まっすぐな管の中で動けないのはもちろんのこと、一定の半径の管の中でも蛇は動けない。

一同 なるほど。これは驚きだね。

F いや、別に驚くには当たらないさ。実は、ずっと初めに、くねくねした穴から蛇を引きずり出しにくい、という話があったが、実はそのときに蛇が身体を固くして抵抗したのと、いま蛇が自発的に努力して前に進むのとは、話がちょうど裏腹になっているだけなんで、本質的には全く同じことさ。だから、蛇を引きずり出すときも、穴がまっすぐか、一定半径の円形だったら、蛇は抵抗のしようがなかったはずなんだ。

A　なるほどね。とすると、今晩われわれの議論は途中わき道に入ったりして、ずいぶんよろめいたわけだ。

C　それも蛇のたたりかな。

あとがき

蛇がスケート方式で這ってゆくのであろうというわれわれの推論は、その後ＮＨＫの「テレビ実験室」で蛇に実演してもらったところによると、およそほんとうらしく思える。

まず、平らなガラス板の上におかれた蛇は、習性によってしきりと身体をくねらせるが、蛇の重心はほとんど移動しない。

平らな板の上に杭をまばらに打っておくと、二メートルほどの幅をアッという間にすりぬけてしまう。

最後に、表面を平らにならした砂場に入れても、これもたちまち砂場の外にでてしまう。この場合、蛇の通った後のみちすじを見てみると、図5の立ち木に相当する部分に近い所のみちすじの溝は深く切れこみ、その斜め後ろの立ち木に相当する所に砂が盛り上がっている有様がハッキリと認められる。つまり、蛇が這うことによって、ますます足場が固くなる事情がうかがわれる。

（ロゲルギストO）

ぬれた砂はなぜ黒い

一

青海原が魚の住む水圏と鳥の飛ぶ気圏との界面なら、波打ち際は水圏と人の住む陸圏とのさかい——一次元の界面だ。浜にくると人は禁じられた領域との境界にたたずんで、どこかえたいの知れぬ水の世界をながめて飽きることを知らない。

磯波が浜に運んだ砂がほとんど水平に堆積した部分を、専門家はバーム(berm)と名づけるらしい。夏、白く乾いた熱い砂の上で私たちが甲羅を干すところがバームだ。そこから海の中に向かって伸びた斜面——くだけた磯波が打上げ波と呼ばれる薄層の水流になってすべり上がり、やがて引き波として退いて行く部分——を海浜面という。

人が好んで腰をおろすのはバームの峰と呼ばれるあたり（バームと海浜面との境界）である。そこで沖をながめるのもいい。しかし、足もとにも興味をそそるものがいっぱいある。ぬれた砂の面が直径数センチのゆるいドーム状に盛り上がって、その中央に直径数ミリの縦穴があいているのはなんだろう。たくさんあるな。ドームがなくて穴だけのものもある。掘ってみよう。なにもない……。

最近、『海洋の科学――海面と海岸の力学』（W・バスカム著、吉田耕造・内尾高保訳、河出書房新社、一九七〇）という本を見て、私は、かねてふしぎに思っていたいくつかの事象に「なるほど」とうなずかされる説明を見出した。しかし、私をもっとよろこばせたのは、私にとってふしぎだったことのいくつかは専門家にもわかっていないらしいということだった。

海浜面をすべり上がる打上げ波の前線には大きめの砂粒や小さなゴミがならんで運ばれて行く。波のエネルギーが尽きて止まると、水の一部は砂にしみこみ、一部は引き波になって駈けおりる。前線が止まったところには砂粒やゴミがならんで打上げ波痕を残す。引き波が去ったあと、これを追って、砂の中からしみだして海浜面を流れ落ちる細流がある。この細流は地図に描かれた河川系のミニアチュアに似た図形をきざむ。ただし、ふつうの川とは反対に、流下するにしたがって枝分かれする。

バスカムの本のページを追ってそんな波打ち際のすがたを思いだしていると、夏の日に熱いバームから波に洗われた斜面におりるときのひやりとした足の裏の感触といっしょに、そこではっきりと変わる乾いた砂と湿った砂との色つやの対照が眼に浮かぶ。すきとおった水がしみこむだけのことで、なぜ砂はあんなに黒ずむのだろう。

二

すぐ思いつくのは、砂粒の面が水でおおわれれば光の反射が減るということである。光の反射率は入射角——図1(a)のi——によってちがうが、話を簡単にするために垂直入射($i=0$)の場合だけを考えることにしよう。この場合の(強度)反射率$R_{\perp}$は、界面の前後の屈折率をn_1、n_2とすると、

$$R_{\perp} = (n_1 - n_2)^2/(n_1 + n_2)^2$$

で与えられる。砂粒は岩石が風化した成れの果てだ。もとの岩石の性質から考えると、

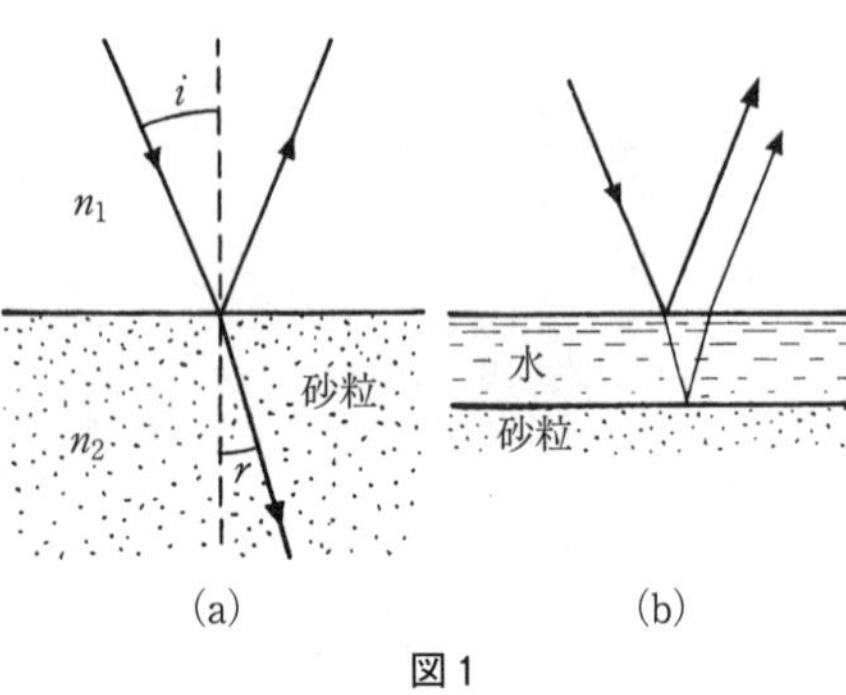

図1

砂粒の屈折率は一・五〇〜一・六五とみてまずよかろう。空気(屈折率一・〇〇)から直接に砂粒に光が当たるときには、反射率$R_{\perp}$は四・〇ないし六・〇パーセント。

砂粒が水におおわれているときには(図1(b))、反射光は空気と水の界面での反射光と水と砂粒の界面での反射光との和になる。水の屈折率は一・三三だから、空気と水の界面では二・〇パーセント、水と砂粒の界面では〇・四〜〇・六パーセント、合計の反射率は二・四ないし二・六パーセント。

ぬれるとたしかに反射率は下がるけれども、とても砂が黒ずむことの説明にはなりそうもない。その証拠に、といっては話が飛びすぎるかもしれないが、白いチョーク*を二本に折って片方の破面をぬらし(水はすぐしみこんでしまう)、乾いたままの破面とならべてみると、白さにそれほどの違いはない。チョークの原料は焼石膏で、砂にくらべて粉はこまかいが、屈折率はたぶん一・五三内外。前記の計算の範囲のはずだ。

＊　ここで使ったのは白いのも、色の着いたのも、ぜんぶ目のこまかいダストレス・チョーク。

ところが、赤、緑、黄のチョークを折って同じ実験をすると、こんどははっきりした差がみとめられる。ぬれた破面は鮮やかに色が濃くなるのだ（この三色の中では黄色のチョークが比較的変化が少ない）。

チョークの実験では破面に水をたらすとすぐしみこんでしまうが、波打ち際の砂はたっぷり水を吸っているから、波が引いたあと、砂の面上にしばらく水の層が残る。この水面での反射には、先に考えた一つの砂粒の面がぬれるための反射率の変化とは別の効果もある。水面がなめらかで鏡面反射をするから、みかけ上、砂の面に光沢を与えるのである。

つやの変化がめざましく起こるのは、海浜面の、ぬれ光っている砂地を踏みつけるときだ。踏むと同時に水が足の下の砂にさっと吸いこまれて、周囲の砂地は本来の〈つやのない面〉——拡散反射面——にもどる。ダイラタンシーと呼ばれるこの現象は、砂に剪断(せんだん)応力がかかると砂粒のつまり具合がみだれて隙間が多くなり、そこに水がはいりこむために起こる。

三

先ほどの、色チョークはぬれると色が濃く鮮やかになる――逆のいい方をすれば白っぽくなくなる、白っぽさを失う――という実験は、いま考えている問題に対してかなり本質的な意味をもっている。

この話は、「白い」という概念の吟味からはじめるのがよさそうだ。「白い」とはどういうことだろう。いろいろの波長の可視光に対する反射率が、同一の、高い値をもっていること、したがって、ある色調の光で照らされればそのとおりの色調の光を反射すること……これは「白い」ものの必要条件にちがいない。しかし、十分条件ではない。ふつうの鏡はかなり完全に上記の要求をみたしているが、誰も鏡は白いといわない。みがきあげた白金の面も、私は白いとは感じない。白いためにはその面が拡散反射面である(光を乱反射する)ことが必要なのだ。

ところで、私が「白いものはほんとうは透明なのだ」といったら、読者はどんな顔をされるだろうか。

色の測定のための標準白色板は、銀板やニッケル板の上に、酸化マグネシウムの煙の白い粉を一〜二ミリの厚さに降りつもらせたものである。酸化マグネシウムはもともと透明な結晶で、したがってその粉も微視的に見れば透明なはずだ。この粉の層に光が入射すると、光の一部は屈折して粉粒(小さな、不規則なかたちの結晶)に侵入してこれを透過し、一部は粉粒の面で反射され、図2に示したように複雑な径路をたどった上で、また層の表面から射出される。光の一部は層の底までとどくかもしれないが、そこで銀板に反射されて、結局は層の表面から出て行く。これらの光の射出方向は、統計的にまったくデタラメに分布している。層の厚み——粉のつみかさなり——が完全拡散反射の実現に貢献していることはいうまでもない。

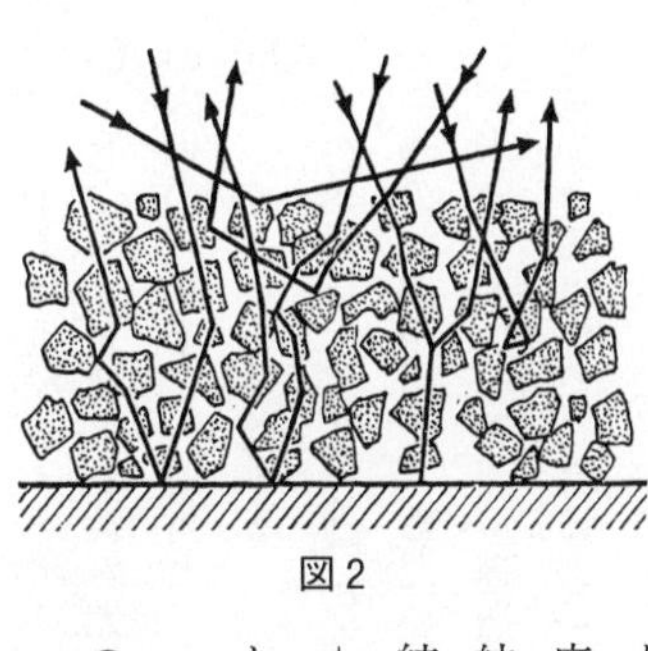

図2

ここで大切なのは「微視的に見れば透明」ということの意味である。酸化マグネシウムの粉粒のかたちはいろいろあるだろうが、近似的に多面体とみていいだろう。

この多面体の面の一つ一つは、肉眼では見分けられない大きさだけれども、波長四〇〇〜七〇〇ナノメートルの光にとってはなめらかな透明な面だ。光の一部はそこで面の内外の屈折率と入射角とによってきまる反射率で反射され、残りは屈折して粉粒にはいってこれを透過する。

この事情は、「多面体」の面が実は湾曲しているために光が収束・発散したり、一つ一つの面が小さすぎるために回折の効果が加わったりしても、本質的には変わらない。ポイントは、界面を通過して粒の中にはいった光は(ほとんど)吸収されずにこれを透過するということにある。

こういう粒に散光が当たれば、いろいろの面が同時に光を反射するだろう。いったん粒のなかにはいってまた出てくる光もこれに加わるだろう。だから人はこの粉——すべての波長の可視光を平等に、不完全だけれども拡散的に、反射する小塊の集まり——を「白い」と見る……肉眼では。

いま述べたことを実感的に理解するには、指先に白砂糖をほんのちょっと載せて高倍率のルーペ——いま私が手にしているのはめがね屋で数百円で買える一五倍のルーペ——でのぞいてみればいい。微視的な世界に入場を許された途端に、眼前の砂糖はすきとおって光り輝く宝石の堆積に変貌する。見る人は「雪のように白い」雪も透明な結晶の集合だったことを想起させられる。

　薄いさくら紙を眼の前にかざして、いまのルーペを通してみよう。ほそい、白い繊維がからまりあってこの薄片を構成している。ところが、ぬらしてからみると、繊維は実は透明なのだ。白布、白ペンキ、陶磁器などの白さも、実はこれらが微視的には透明な、小さな要素片から成り立っている、ただ、各要素（空気間隙もふくめて）の屈折率がちがうために、おのおのの界面で反射・屈折が起こる——という事情に由来するのである。

　ガラスは透明だが、適当に目のこまかい磨(す)りガラスにして拡散反射を起こさせればずいぶん白くなる。こまかいガラス粉の堆積は上記の理由によってもちろん真っ白だ。

　銀や白金のように、各波長の光に対してほとんど均一に高い反射率を示す金属の板を擂ってみたらどうだろう。これもかなり白くなるが、どうしても鏡面反射の成分が残る。こまかい粉の層にしたらどうなるか。元来透明体である酸化マグネシウムの粉層が〈真っ白〉の標準であるのに対して、白金の微粉層はなんと〈真っ黒〉の標準になってしまうのである。白金黒と呼ばれるこのもの*はビロードに似た深味のある黒にみえ、すべての波長の光を最もよく吸収するものの一つだ。金属面に当たる光の大部分は反射されるが、残りは金属内に侵入する。この光は表面から波長の二〇分の一も進まないうちにすっかり吸収されて熱になる。白金黒の層に光が入射すると、微粉のすきまを縫って反射をくりかえすうちに、反射のたびの吸収がつもりつもって光は完全に吸収されてしまうのである。

＊　塩化白金酸の還元、その他の化学的な手段によってつくる。

酸化マグネシウムやガラスの表面にくらべると金属の表面の反射率ははるかに高いけれども、前者の粉の堆積は白く、後者の粉の堆積は黒いのは、反射率の差に由来するのではなくて、吸収率がものをいうのだ。

結局、ほんとうに〈真っ白〉なのは、微視的には透明なこまかい要素片の集合体で、ある程度奥行き〈厚み〉のあるものにかぎられるようである。

四

さて、目のこまかい磨りガラスの摺り面をぬらしてみよう。ほとんど透明になる。

水はギザギザのくぼみを埋めてなめらかな表面をつくる、その水の層におおわれたガラスのギザギザ面での反射はきわめて弱く(第二節の計算参照。板ガラスの屈折率は一・五二ぐらい)、おおざっぱにいえば無視してもいいからだ。

こんどはビールびんの横腹を目のあらい紙やすりで摺ってみよう。ガラスは茶色なのに、出てくる粉は白チョークの粉と同じように真っ白だ。摺り面は、乾いた布で粉をふきとっても白い傷だらけ、ちょっと遠くから見ると真っ黒に日焼けした顔におしろいを掃いたようにみえる。ビールびんのガラスは波長によってちがう強さで光を吸収するので透過光には色がつく。しかしこの吸収はそんなに強いものではないから、表面近くのごく薄い層を考えるかぎりそこは透明だとみていい。反射率をきめるのはこの部分の性質だから、色ガラスも反射に関しては透明ガラスと同じで、拡散反射を起こす傷の部分は白くみえるのである。* 摺り面全体としてみると、茶色の透過光に白い拡散反射光がまざって「日焼けの肌におしろい」の印象になる。

＊ 傷の部分で透過光にくらべて反射光が強くなることには、入射角が大きくなると外面反射の場合にも内面反射の場合にも反射率が高くなることが関係しているが、いま詳説しない。

ビールびんの横腹につくった摺り面をぬらすと、ふつうの磨りガラスの場合と同じ理由で拡散反射がなくなるから、茶色の透過光がそのまま出てきて、一見傷のない部分と区別がつかなくなる。

茶色のガラスを削った粉の色のほうは、図2に示したように複雑な径路をたどって出てくる光の性質できまる。いま述べたとおり粉の面での反射は透明ガラスの場合と同じだし、粉の中を通るときの吸収も、なにぶん径路が短いので、ほとんど影響しない。だから粉の量が少ないうちは真っ白にみえる。しかし、粉の層が十分に厚くなれば、吸収の影響が出てきて、たぶん、茶色っぽくみえるようになるだろう。

色チョークの粉は、茶色ガラスの粉とはちがって、チョークのままで見るときと同じような色をしている。混ぜた色素が特定の波長域の光を強く吸収するからだ。しかし、この場合も、光が粉を透過する際に色づくものであることに変わりはない。それをたしかめるために次のような実験をしてみよう。

使いこんだフライパンの底はつやけしの黒になっている(どんな波長の光がどの方角からきた場合にも反射率が低い)。その底に白紙の小片を入れ、色チョークの粉を、白紙の上と底そのものの上とに削り落とす。白紙の上の粉のほうがいくらか色濃く、黒い底の上の粉のほうが白っぽくみえるだろう。粉から眼にはいる光は、粉の面での拡散反射の成分と粉の内部を透過した成分とから成っており、前記の理由によって拡散反射の成分が勝つほど白っぽくなる。黒い底の上では粉を通りぬけて底に達した光があまり反射されないので、透過——往復透過——の成分が拡散反射の成分に負けるのである。もっとも、この色のちがいは微妙で、よくわからないという人もあるかもしれない。それでは粉の上に小さな水滴を落としてみよう。粉の面での拡散反射が格段に弱くなるので、透過光を強く反射する白紙の上の粉は色濃く鮮やかになり、黒い底の上の粉はみえにくくなってしまう。たしかに光は粉を透過しているのだ！

このことから、かりにビールびんを削った粉をたくさん集めたとき白くみえたとしても、それを水でぬらせばもとの色に近くなるだろうということが想像できる。

色チョークの破面をぬらすとなぜ色濃く鮮やかになるか——という問題についての議論がたいへん長くなったが、ようやく結論にきたようだ。ぬらせば、まず、破面自体での拡散反射〈破面にならんだ粉の露出面による拡散反射〉がなくなって——正確にいえば激減して——〈白っぽさ〉が失われる。つぎに、内部の粉の面での反射が弱くなるために、光は多くの粉を透過して奥のほうまではいりこむようになる。このために表面にもどる光の量は減るだろうが――その結果として破面は〈暗く〉なる――もどってきた光は鮮やかに色づくのである。

白金黒の話のところで述べたように金属は非常に強く光を吸収するから、よほど薄い膜にしないかぎり金属内部を通ってきた光をみることはできない。金や銅の固有の色は反射率が波長によってちがうためのもので、こういう色は表面色といわれる。しかし、金属以外のもので表面色を示す例は少ない。たいていのもの――動植物、ペンキ、ゴム、……――の色は多少とも色チョークに似た機構によって生じる。つまり、小さな構成要素間に屈折率の差があって物体内部に侵入した光が複雑な反射・屈折をくりかえしてまた出てくる、その間に各要素片で特有の吸収を受けることによって色づくのである。

五

砂の話に帰ろう。

私はおもに東京で育ち、砂浜としてまず頭に浮かぶのは葉山堀の内、逗子、沼津桃郷などである。ここらの砂は波に洗われればたしかに黒ずむ。しかし、波打ち際でぬれた部分が、ぬれたとはわかる――拡散反射が減って〈白っぽさ〉が失われる――けれども黒くはならない浜を見た記憶がある……。そうだ。一つは琵琶湖の西岸、夏の終わりになにかの会議で京都にいたとき、暑さに堪えかねて泳いで活を入れようと思い、大津から電車で北上して「もうこのへんまでくれば水もきれいだろう」と下車したところだ。地名は忘れたが水はたしかにきれいで、しかし泳ぐとなまぬるかった。その浜は波が寄せてもぬれてみえるだけで黒ずまなかったと思う。もう一つはハンガリーのバラトン湖。これも国際会議のついでに泳いだ湖だ。たぶん二カ所とも砂というより礫に近い浜で、花崗岩かなにか、白っぽい、ザラザラした数ミリの粒だったように思う。――してみると、白砂で知られる瀬戸内海の浜にはそういうところが多いのかな……。〈砂〉というとき私の念頭に浮かぶのはちょっと黄がかったねずみ色だが（もちろん乾いた砂の話）、おそらく人により育ちによって連想する砂の色はちがうのだろう。

チョークを折って水でぬらしたり、ビールびんの腹に紙やすりをかけてみたりした翌朝、通勤途上の工事場で、そのねずみ色の砂をみつけて一握り失敬してきて、例の一五倍のルーペでのぞいてみて「あっ」といった。「拡大すれば透明になる」という原理は砂糖、雪の例で明らかだが、砂粒には意外に透明なもの、無色半透明のものが多い。そのほか白いもの、薄黄のもの、茶色っぽいもの、薄緑のもの、ピンクのもの等々、多少とも透明がかったものが過半で、灰色ないし黒系統のものはむしろ少ないのであった。

これをぬらすと、前述の原理で粒の表面のこまかい凹凸にもとづく拡散反射がなくなるから、ルーペでみると粒は「水を打ったように」生き生きした色になり、肉眼でみれば全体としての反射量が減って暗くなる。そのへんの事情は色チョークの場合と同じだが、乾いているときには白い微粒がぬれると透明になり、反射が弱くなり、それらの反射によって送り返されていた光量が黒い粒に吸収されるようになるところに砂が顕著に黒ずむ原因があるのであった。

こうなってみると、砂の成分によっては黒ずまないものがあるのは当然である。須磨、明石の海岸はそうかと思われるが行ってみる暇がない。東京近辺でそういうところは――と考えるうちに、葉山の森戸神社の浜を思いだした。こどものころ何ミリという小さな貝殻を拾うのに熱中した浜だ。あの白い、あらい砂の浜では、多分、砂は

「ぬれてみえる」だけで黒くはならなかったようだ……。

小閑をぬすんで、一五倍をポケットに入れて出かけてみた。記憶はまず正しかった。ここの砂――一ミリぐらいのものが多い――にも黒っぽい岩屑がかなりあり、それらはぬれれば黒々としてくるから、引き波の去ったあとの砂はたしかにいくらか黒ずむ。しかし、白っぽい貝殻の細片が主成分であるここの砂では、「白い粒がぬれると透明になり、それらの反射によって送り返されていた光量が黒い粒に吸収される」ことは起こりにくいのである。貝殻も微視的に見ればもちろん透明体だが、内部の構成要素のあいだに屈折率の差があって、そこで起こる反射・屈折のために拡散反射が起こって白くみえる(乳白色ガラスも同じ)。したがって、内部は一様に透明な石英粒が表面で拡散反射をしているのとはちがって、貝殻の破片は水でぬれても白さが変わらないのである。

小さな川をへだてて一〇〇メートルか二〇〇メートルしか離れていない堀の内の海岸――昔はそういっていたと思うがいまは森戸海岸と呼ぶらしい――でみた砂は、前述の工事場のセメント用の砂(川砂)と似た構成、似た粒径で、ただいくらか貝殻の細片がまじっていた。ぬれた海浜面は黒かった。この二つの接近した海岸の砂がどうし

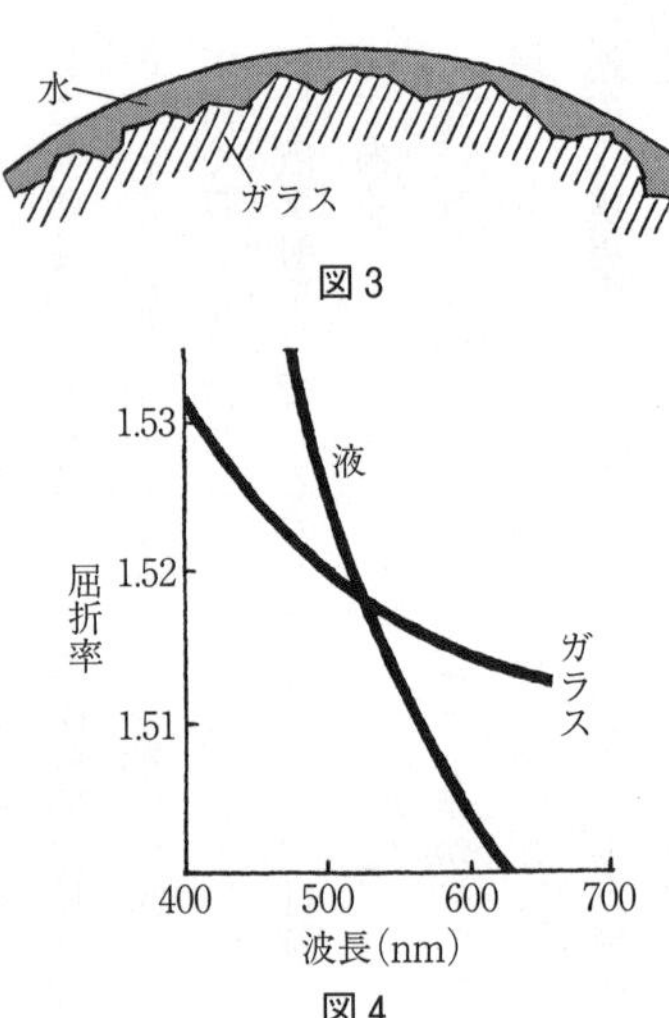

図3
図4

てこんなにちがうのかはまさに「海岸の力学」の問題であろう。

六

ここに取り上げた話題では、「磨りガラスをぬらすと透明になる」という事実が大きな役割をつとめている。水は、表面張力のために、なめらかな表面をつくる(図3)。水とガラスのギザギザ面での反射はきわめて弱い。

もし、水の代わりにガラスと同じ屈折率の液を使えば、液とガラスとの界面での反射はなくなるはずだ。クリスチャンセン・フィルターはこの原理の応用である。これは、波長による屈折率の変化の大きい透明液体の中にガラス粒をつめこんだものだ。図4に、ベンゼンに二硫化炭素をとかした液(図の場合、二硫化炭素が容積比で一〇パーセント）とホウケイ酸ガラスとの屈折率が波長によってどう変わるかを示してある。ちょうど波長五二〇ナノメートルぐらい（緑色）のところで両者の屈折率が一致する。したがって、液槽にガラス粒をつめてこの液をつぎこんだものに白色光を入射させると、波長五二〇ナノメートル前後の光だけはまっすぐ通りぬけるが、他の光はガラス粒の面で反射をくりかえして拡散してしまう。図5のような装置をつくると、右端のピンホールから出てくるのは液槽を平行光束として通りぬけた光だけ、つまり緑色の光だけということになる。

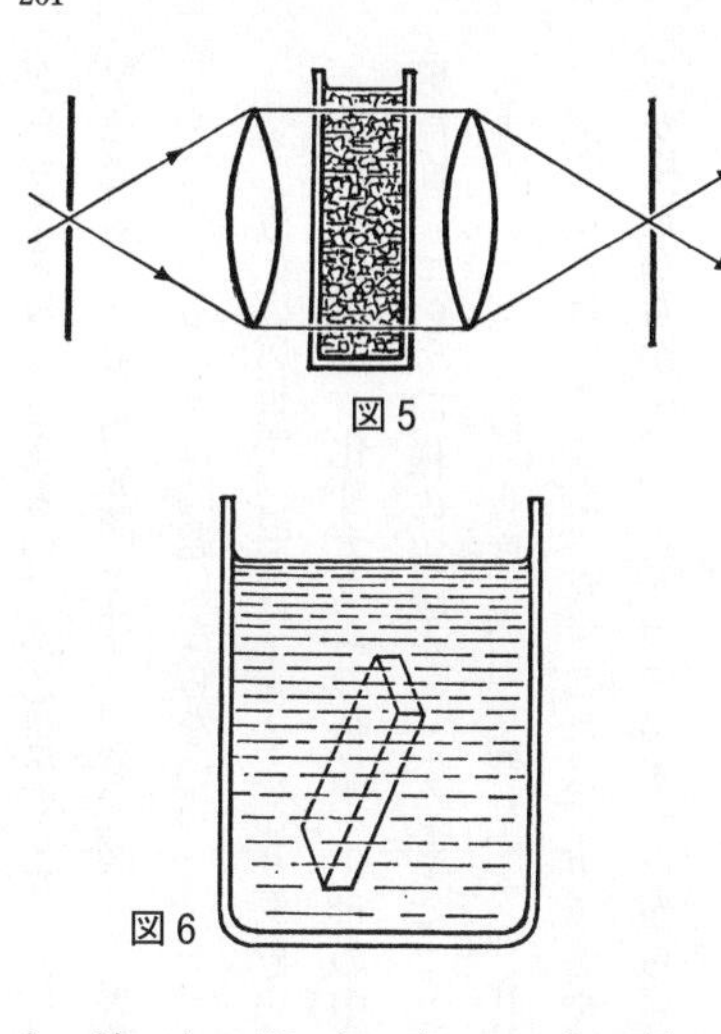

図5

図6

もっとも、液とガラスとの屈折率が合ってさえいればほんとうに光は素通りするかというと、それには少々問題がある。図6のようにガラス板をこれとほとんど同じ屈折率の液の中に入れ、液温を精密にコントロールしてぴたりと屈折率を合わせてみても、*かすかながらガラス板は見えるのである（反射がなければ見えるはずがない）。この種の実験には単色光（単一波長）の光源を使うので、図6の実験では、図4のように屈折率が波長とともに変わることは問題にならない。

＊　液体の屈折率は温度によってかなり変わる。固体のほうはこの変化が小さい。

私たちは、フッ化リチウムの結晶――世の中で最もスッキリ劈開（へきかい）できる結晶――の劈開面について同様の実験をこころみたことがあるが、ごくかすかながら（一パーセントの一〇〇〇分の一程度）反射が残り、フッ化リチウム結晶がまったく見えないようにすることはできなかった。これは、ガラスやフッ化リチウムの表面に、内部といくらか構造がちがい、したがってわずかながら屈折率のちがうごく薄い表面層があるためだ。

これよりももっと薄いけれども同様の表面層が液体の表面にも存在する。液面から蒸発する分子、蒸気から液面に戻って凝縮する分子のために、液体の表面層は乱れ、いくらかぼけるのだろう。その有様は、魚の住む水圏と鳥の飛ぶ気圏との界面である青海原がいつも波立っているのといくらか似ているかもしれない。

（ロゲルギストK_2）

フィゾー法の影武者

一　クジラを追って小魚を獲る

家の設計図がある。玄関、居間、台所、風呂場に便所、外側にはぬれ縁と戸袋がつき、小さいながら物置までついている。なるほどなかなかいい間取りだ！とうなずいているだけなら天下泰平である。ところが、もし大金を投じてこれを買い取り、これから自分が住み込もうとするのだったらどうだろう。果たしてうちの家族数を収容できるか？からはじまって、日当りは？　台所と風呂場の使い勝手は？　いま持っている本箱はどこにおさまるか？　玄関の戸を開くと、なかがどこまで見えてしまうか？　などと、つぎからつぎへと検討の種がでてくるだろう。隣地に建つかもしれない大きなマンションなどのことも大きな心配ごととなる。

他人の家だと、部屋数が多いとか立派だとか、感心はするだろうが、それ以上の関心は普通にはない。ところが近い将来自分の家をあれこれ思案中とか、あるいはちょっと物騒な話になるがその家に泥棒にはいろうと計画中のときなどは、間取り図をみる目もぎらぎら光る。こういうときには、図面の示している事柄を見落とさないのはもちろんのこと、書かれていない背後の事情までも見透かすのである。まさに「眼光紙背に徹する」のである。これに対して普通の場合は「みるともみえず」で、見落としがいっぱい。いや、そのときはすっかりわかっているつもりであるのだが、いざとなると確かなことはわからなくなってしまう。

たとえ同じものをみたといっても、自分で積極的に働きかける場合と、他人行儀でみている場合とでは格段の違いがある。単に量的なことにとどまらず、その違いは往々にして質的でさえある。

教科書や科学論文をみるときもまったく同じである。実験装置について、その図面と説明をよむ。なるほどこうしてああして、こんなふうにしてつなげれば、求めるものが得られる。われわれは、これでその実験を理解したと思って安心する。確かにこの実験装置の特徴とする主要な原理はわかったのである。しかし、だからといって、この実験全体を完全に理解したとはいえない場合がある。多くの実験にはそれを成功させるために、影武者がはたらいている。こういう影武者のことは、教科書や論文にも書いてなく、また先生も教えてくれない。だからこそ影武者とよばれるのではあろうが、このような影武者を一人、二人、……と発見する喜びは実験物理にたずさわるものの生きがいの一つである。

影武者を発見するには受身の理解だけでは到底無理で、こちらからの積極的な働きかけが必要である。今月は筆者が出会った影武者の一人をご紹介しようと思う。（所詮、科学とは大ものの影武者を探すことであろう。ロゲルギストはクジラを追いながら、途中で出会っためずらしい小魚のことをこの欄をかりて紹介していることにもなろうか。）

二　フィゾーの方式

光の速さを測ろうとした最初の試みは、ガリレイのランタン実験であったというが、その原理はまったく正しいのにもかかわらず、当時の技術では成功しなかった。その

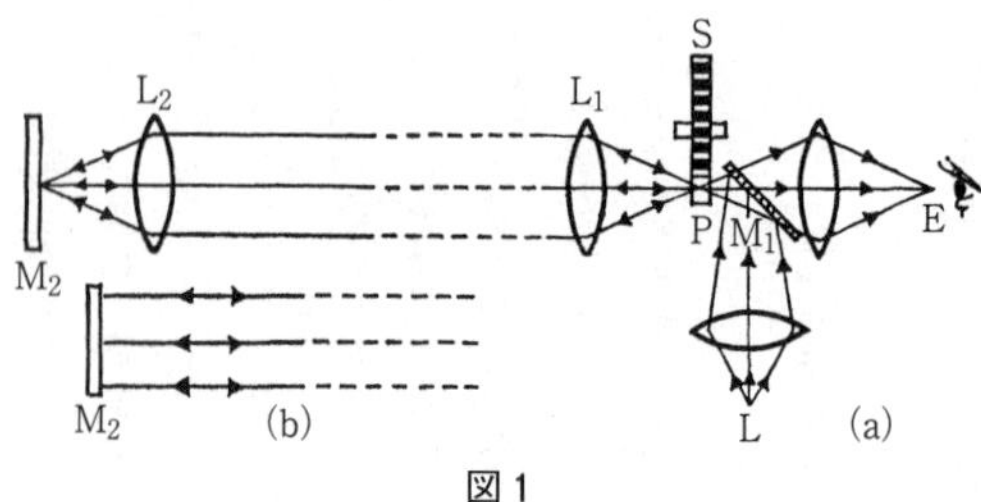

図1

後レーマーが木星の衛星の食の観測から光の速さを推定したが、実験的な測定にはじめて成功したのはフィゾー〔フランスの物理学者。一八一九―一八九六〕であった。この方法は歴史的に有名であり、しかもちょうど高校程度と考えられるためか、ほとんど、どの高校物理教科書にものっている。

順序だからその概要を図1(a)にみよう。(先をお急ぎの読者はつぎの節へショートサーキットしてください。)

(1) 光源Lから出た光は半透明の鏡M_1で反射したのち、回転する歯車Sの歯の隙間〔P〕を通って鏡M_2に向かう。M_2で反射した光は再び歯のあいだを通ったあと、半透明の鏡M_1を通りぬけて目にはいる。

(2) 歯車の回転が速くなると、歯の隙間を通った光がM_2で反射して返ってくるあいだに、歯がまわってきていて、もどってきた光をさえぎるので目に光がはいらない。またこのときは、光源からの光もその歯でさえぎられるので鏡M_2のほうへは通れなくなる。それゆえつぎの歯の隙間がきたときにもM_2から返ってくる光がないので目には光がはいらない。つまりこういう歯車の回転数では真っ暗である。

(3)　さらに回転が速くなると、光がもどってくるまでにつぎの歯の隙間がまわってくるので、再び目に光がはいるようになる。歯車の歯が一こま動く時間は歯車の回転数から求めることができる。この時間Δtのあいだに、光が$\overline{PM_2}$を往復するのであるから、光の速さは$2\overline{PM_2}/\Delta t$で求めることができる。

(4)　さらに回転を速くすれば、再び真っ暗になる。このように歯車の回転数をあげていくと、その回転数に応じて明暗がつぎつぎと繰り返されるのである。

三　ハンディキャップの思想

その昔、筆者も高校ではじめてこのフィゾーの方法を学んだが、その工夫のうまさに感嘆したことを思いだす。その後いろいろの測定の問題にぶつかり、あれやこれや考えるとき、このフィゾーの方法がよく気になった。そして速さの測定の基本はまさ

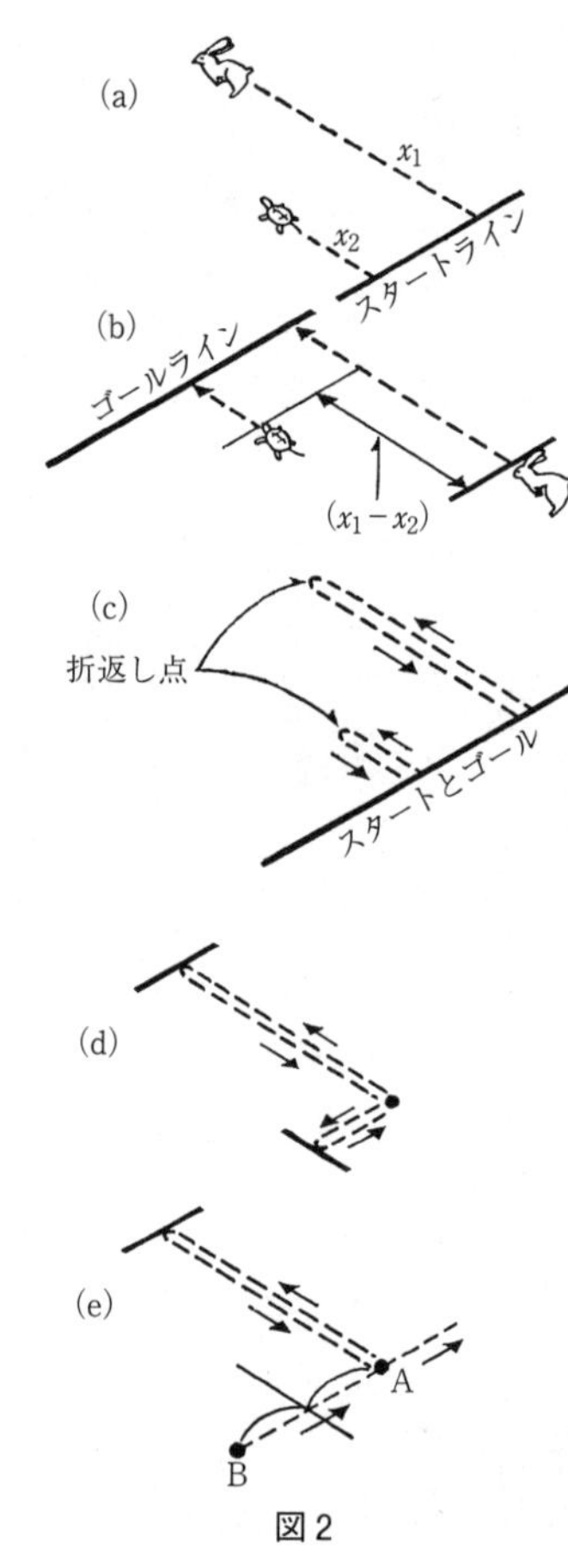

図2

にこの方法にあるとさとった。これはハンディキャップをつけて速いものと遅いものとを競走させる方法なのだ。

ウサギとカメのかけくらべをみよう。図2(a)は同一のラインから同時にスタートし、時間 t たったあとの姿である。そのあいだにウサギは距離 x_1 を走り、カメは x_2 を走ったとすれば、平均の速さはそれぞれ、x_1/t, x_2/t である。同一地点で同時に出発させることには問題はないが、t 時間後におたがいに離ればなれになった地点で、それぞれの位置を確認することは実際にはかなりやっかいである。

(b)　そこであらかじめ $x_1 - x_2$ だけハンディキャップをつけておけば、ゴールラインでの優劣の判定は楽になる。しかし今度はスタートが異なる地点であるから、同時出発の確認が難しくなる。

(c)　そこで第三に、折返し法が考えられる。スタートとゴールを同一ラインとして、折返し点の距離だけを変えておくのである。その距離をあらかじめうまく選んでおけば、ウサギとカメはスタートとゴールの両端で、同時同地点という条件を満足できる。ハンディキャップをつけて同時に出発させても、競走だとすれば同時にゴールインするとは限らない。しかしその差はそう大きくはなく、しかも同地点でみていればよいからたいへん楽である。これがフィゾーの方法の基本態度である。図1のP点が出発点であり到着点である。

(d)　ウサギとカメの走る方向は必ずしも同方向でなくてもよいから、直角にしてみよう。これが図2(d)である。

(e)　つぎの工夫はカメを折り返さないで、一方向へだけ走らせて競走させることにある。そのために、折返し点の二倍の距離のところBにもう一匹の別のカメを配置し、二匹のカメが一本の棒をもって矢印の方向へいっしょに走ることにきめておく。棒は伸び縮みしないから二匹のカメの間隔はいつでも一定である。さてA点でウサギとカメ(A)が同時に出発し、ウサギが折り返してA点にもどってくると、B点から出発したカメ(B)に会って、どちらが早くゴールしたかを競うというすじ書きである。こうすればカメは折り返さないで一方向に走り続ければよいことになる。

フィゾーの方法は歯車の周辺の速さと光の速さの競走をさせているのだが、P点で自動的に両者をスタートさせ、またその同じP点で到着時刻の極めてわずかの差を自動的に明暗の度合いに変換させている。野球ではベースへのランナーと球の到着時刻でセーフかアウトかを人間が判断しているが、いまの場合、歯と光の到着時刻のわずかの差そのものを人間が直接感ずることは到底できない。それを光の量に変換しているところがうまいし、また目の積分能力をフルに利用していることも特徴的である。

四　レンズL_2は果たして必要か?

図1のような実験装置はそう複雑なものではない。そのうえ私はかなり積極的にその妙味を味わったつもりで、もうフィゾーの方法はすっかりわかったと思っていた。ところが、まだ重大な目こぼしがあった。ある日突然一つの疑問がわき起こった。図1中にえがいてあるL_2というレンズの意味についてである。レンズL_1の必要性はよくわかる。これがなかったら到底だめである。しかし、鏡M_2の前にあるレンズL_2は果たして必要なのかどうか？　L_2を入れたご利益としてこの図をみてすぐ考えられることは、鏡M_2が小さくてすむことだ。しかし大きな鏡があれば、L_2はなくてもよいか？本質的に必要でないのなら、ないほうが原理を学ぶにはよさそうに思える。そう思って二、三の教科書をしらべてみた。果たせるかな、このレンズを省いた図1(b)をかかげてあるのが見つかった。そうそうたる監修者の名前が並んでいる。確かにこのレンズL_2について検討した結果、教育上省かれたものと思われる。少なくとも原理だけの説明にはどちらでもかまわない。もしなにか意味ありとすれば、それは量的なことに関係するのではあるまいか。測定方法を検討するとき、第一に原理、第二に量——多くの場合、有用なシグナルとじゃまになる雑音(ノイズ)との比S/N——を考えるのが定石だからである。

そこでもう一度フィゾーの方法を検討し直してみた。その結果は予想通りであったともいえるし、そうでなかったともいえる。つまり、レンズL_2は量的なものに関連していて、いわゆるフィゾーの方法の原理には関係しないという結論である。この意味で予想通りであったといえる。しかし現実の問題として、実験を成功させるためにはレンズL_2の存在は必要欠くべからざるものである。この意味ではむしろ本質的、原理的なものに近い。これはまさに一人の影武者であった。有力な影武者がこんなところにかくれていたのである。この影武者の助けをかりなくては実験はおそらく成功しないだろう。こんなに重大な役目をしていたのに、私は三十年余りそれに気がついていなかったのである。図面から得る一応の理解の浅はかさをいまさら思いしらされたのである。

第一のヒント

レンズL_2がないときもあるときも、点Pの実像が同じ点に作られることはかわりない。ただしこの実像の向きが両者で違うのである。L_2がないときは、上下、左右が逆になる点対称の実像ができる。これは分光計の望遠鏡の調整などで行なうオートコリメーションとまったく同じで、十字線が上下、左右反対になってみえる場合に相当する。しかし、実物に対して点対称の実像ができてなぜ具合がわるいのか？

第二のヒント

P点近傍で光点を右にうごかせば、その実像は左にうごく。すなわちL_2がなければ、光点の動きは逆方向になる。これに対して、L_2を入れた場合は同方向にうごく。つまり、レンズL_2の有無で、像が実物と同方向にうごいたり逆方向にうごいたりするのである。

この様子をはっきりさせるために、まず実物の運動をどう表現したらいいかについて考えてみよう。図3の上部には歯車の周辺の一部分を直線的にえがいてある。この歯がX軸に沿って右のほうに一定の速さvで走るとしよう。時間がたつと歯の各点がどんな位置にくるかを$x \leftrightarrow t$のグラフであらわしてみたのがその下の図である。これでおのおのの時刻で歯T_1、T_2、T_3、T_4がどんな位置をしめるかがはっきりわかる。いま空間に固定した一点Pを考えると、この点が歯で覆われているあいだはbc、de、……で、このときは手前からこの点を照らしても、光は歯でさえぎられて向こう側へ

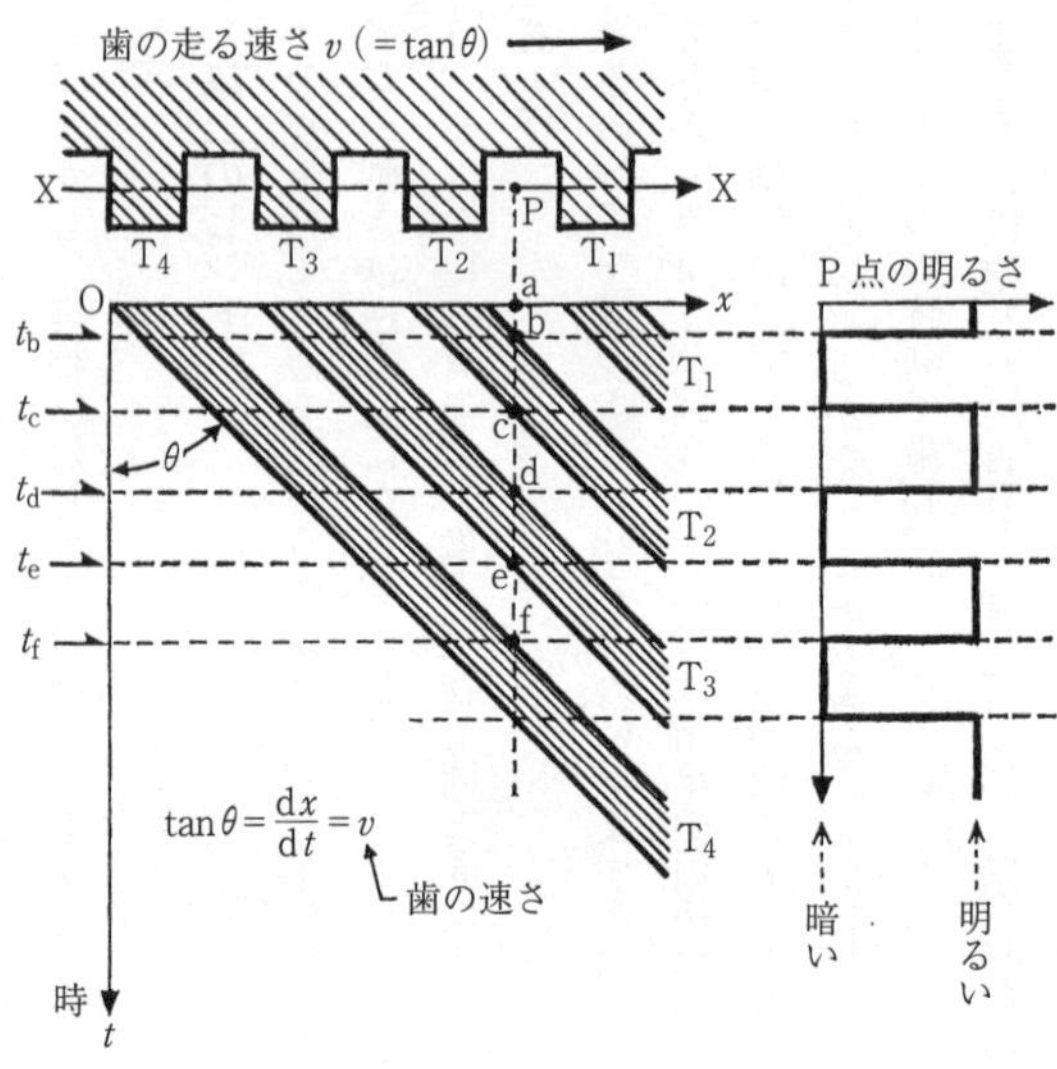

図 3

は通らない。またP点が歯と歯とのあいだにあるうちは、ab、cd、ef、……で、このときは光が向こう側へ通過する。つまり光がP点から向こう側へスタートできるのである。

第三のヒント

歯の運動と、歯の像の運動を同一のグラフに重ねて描いたのが、図4と図5であり、図4はレンズL_2のある場合、図5はL_2のない場合である。像の運動が同方向であるか、逆であるか、一目してはっきりとその違いがわかるであろう。さてこの像は光が$\overline{PM_2}$間を往復する時間がΔtだけ、歯そのものよりおくれてできるから、それだけずらせて書き込んである。つまりaはa′に、bはb′にΔtだけずれている。空間に固定した窓Wをのぞいていると、そこを隙間と歯が交互に通過して行く。歯のあいだが通るときに光が通りぬけ——光が出発し——鏡M_2で反射して返ってくるが、そのときは歯が窓をいくぶん覆っているので、覆われただけこちらに返り方が少なくなる。窓の幅dのあいだにはさまれた白い部分がこちらまで返ってくる光である。時間的にぽつぽつとやってくる光を目で積分して明るさとして感ずるのであるから、この白い部分の面積が大きいほうが明るく見える。

第四のヒント

Δtを変化させると、歯と歯の像との位置がずれる。それにしたがって白い部分の面積が変わる場合が図4(レンズあり)で、変わらない場合が図5(レンズなし)である。図4、図5では歯の速さv＝一定としてΔtをかえるような表現をしてあるが、Δt＝一定としてvを変化してもまったく同等である。図5で白い面積が変化しないことを示すために大きい部分図を図6に描いておいた。歯の像をずらすことと、窓の位置をずら

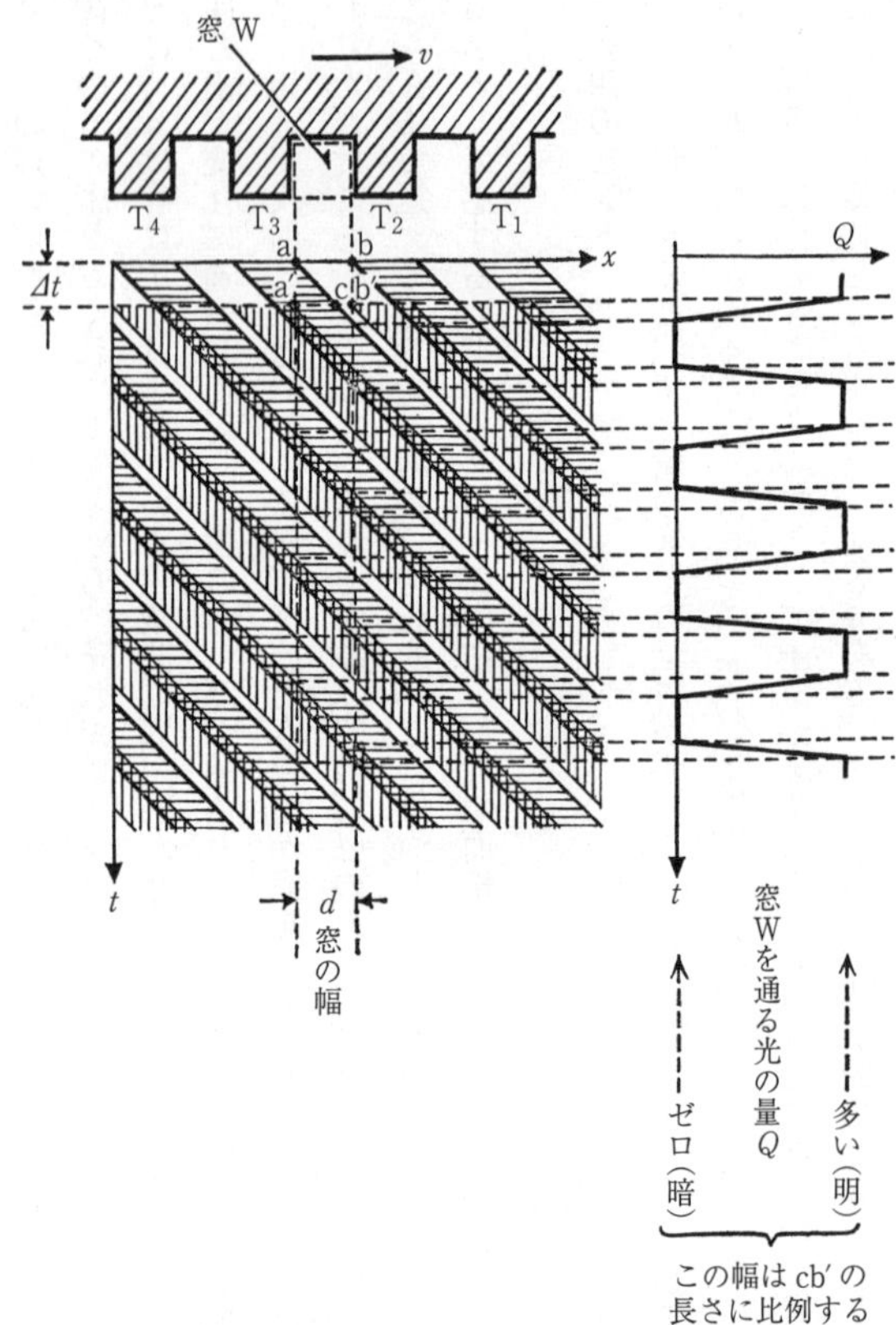

図 4　レンズ L_2 のある場合

すことは同等だから、実線の窓の幅が、点線の位置に移動した場合を示した。面積abcdが左側で減ると同面積a′b′c′d′が右側でふえるから、いつでも白い面積の積分値は一定である。以上でレンズL_2の必要なことがはっきりしたことと思う。

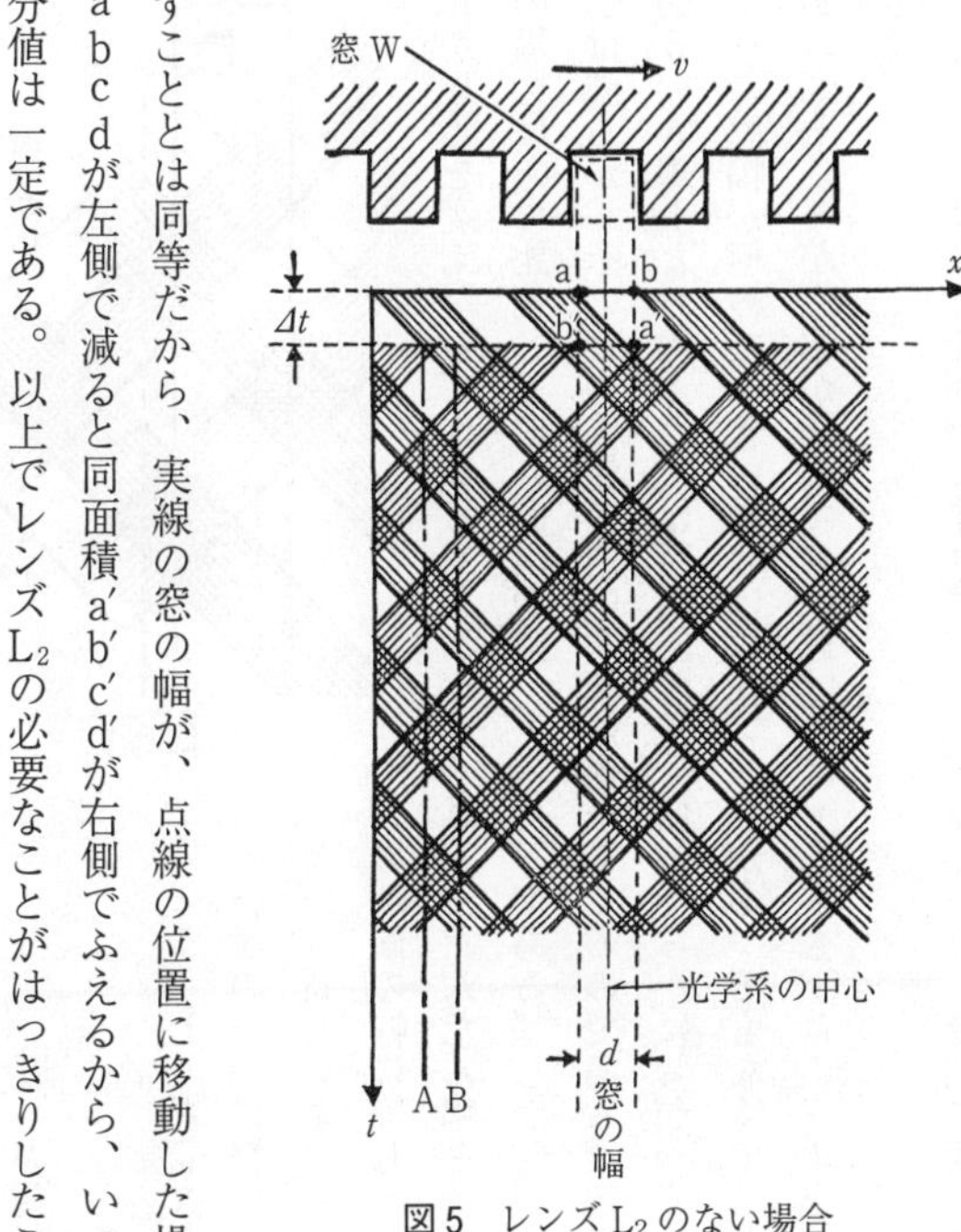

図5　レンズL_2のない場合

五　窓の幅

レンズL_2の検討でここまできたが、この検討のなかに登場してきたのが窓の幅という新しい量である。この窓の幅を歯の隙間の幅に等しくとって考えてきた。

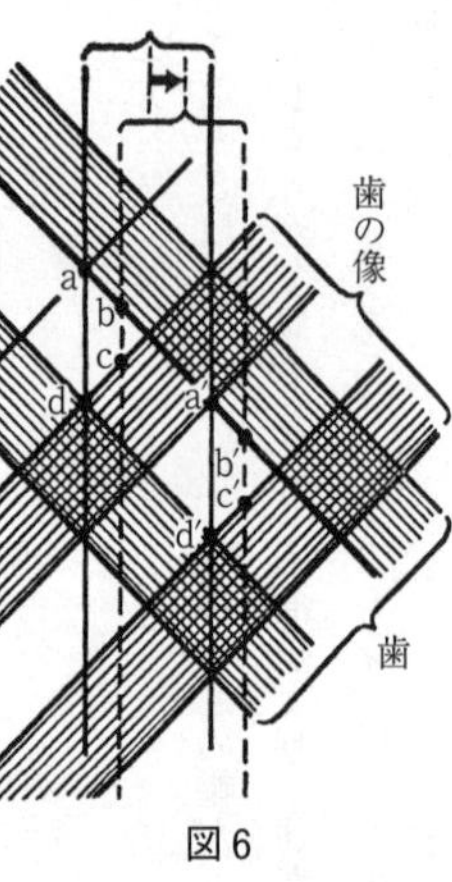

図6

しかし幅を変えたらどうなるであろうか。試みにだんだん幅をせばめていくと、図4の場合は幅に比例して白い面積が減少するだけである。しかし図5の場合は、減ることは減るが、その窓の位置で白い面積が違ってくるのである。幅を無限小にした場合、図5のA線上とB線上とでは時間的の積分値は明らかにちがっている。それゆえこのように窓幅が極めてせまい場合にはレンズL_2があってもなくてもどちらでもよいのである。ところが窓幅が極めて0に近ければ、光量も小さく、現実的には測定は困難となる。

しかし原理だけを問題にすれば、レンズL_2はやはり量的に関与するだけともいえよう。

一枚のレンズといえども決して軽々には扱えないものだ。また図4や図5の取扱い方はモアレ縞の応用でもある。

（ロゲルギストK）

続 フィゾー法の影武者

前稿を発表した直後のロゲルギスト・グループの集まりで、その内容が論議の嵐をよんでしまった。一枚のレンズが影武者には違いないが、その影武者としての役割の解釈がおかしいというのである。その後、投書や電話などで、読者からの反響がいくつか届けられた。これらのことは、このほかにも必ずや形にならない声が読者のなかに多いだろうことを示していると思われる。そこでこの欄をかりて、もう一度影武者の役割について考え、あわせて前稿の筆者の考えが見当違いであったことをおわびしたい。こうなってつくづく思うのだが、ただ一枚のレンズといえども、なかなか大変なものだということである。よい勉強をさせていただいたことを感謝する次第である。

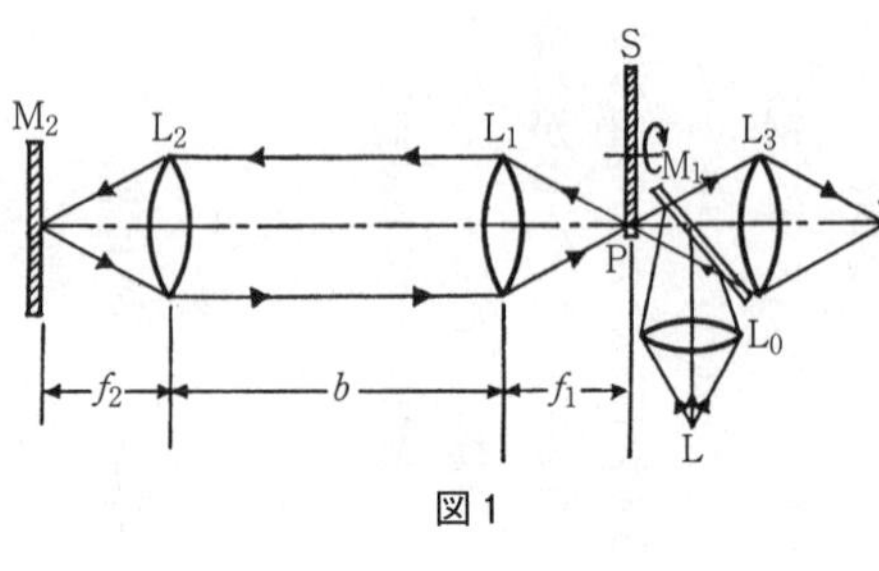

図1

一　投稿者の意見

まず高橋司長氏をご紹介しよう。同氏は「アマチュア物理実験家のつもり」と自認される、精工舎の卓上電子計算機部門に勤務の方で、雑誌『自然』の「意見・質問・回答」欄に投稿されてきたのである。それは本問題の本質を射抜いており、そのうえ図面もうまいし原稿も実にきちんとしているので、それを原文のままここに引用させていただき、話をすすめることにしよう。《　》で囲んだ部分が同氏の文である。

問題の所在

《ロゲルギストK氏が光速度測定法のひとつとして有名なフィゾーの装置について興味深い分析をされた(「フィゾー法の影武者」)。すなわち、図1の場合は歯車Sの歯の像が実物と同一方向に動き、いっぽうレンズL_2を省略した光回路では像が実物と逆方向に動くこと、そして後者の場合は、歯車Sの回転速度を増していってもEでの受信光量が変化しないので、事実上、光速度の測定が不可能であること、歯車の一歯の隙間幅に対して、観測する窓幅が極めてせまいときには、L_2があってもなくてもどちらでもよいが、そうすれば光量が小さくなり現実的には測定が困難となること、よってL_2はフィゾーの装置において重大な役割を果たしていること、がわかりやすく説明されている。

私は、この分析に興味を持ち、何度も読み返しているうちに、再び「L_2がないと本当に測定できないのだろうか」という疑問をもつようになった。》

二　有効な窓の幅

そこでフィゾーが行なった八・六キロメートル間隔の場合に、観測に有効な窓幅がどのくらいになるかを幾何学的にあたってみると、つぎのようになる。まずレンズL_2がない場合、つぎにある場合について検討すると、

《たとえば、L_2を除いた光回路（図２）において、Sの位置に広い面光源S′を置いた場合を考えてみよう。S′上の光点のうちP′点よりも上方にある光点は像を結ばせることができない。P′から出てL_1を通過しM_2によって反射された光束は、図示の一本を除いて再びL_1に入射することができないからである（P′点の像はPに関して対称なP″点にできる）。よって、S′のうちで像ができる部分の大きさd_0は、

$$\overline{P'P''} = d_0 = \frac{f_1 d_1}{b}.$$

ただし、f_1、d_1は、それぞれL_1の焦点距離および直径、bはL_1—M_2間の距離。そして、フィゾー法の実際として

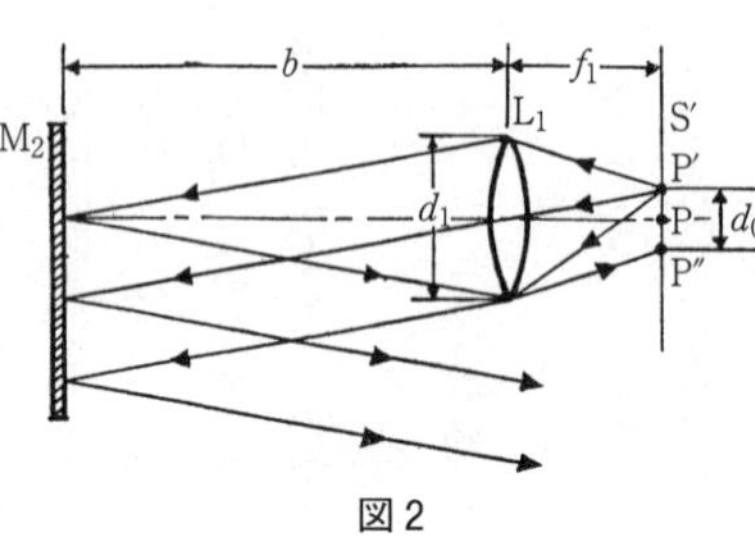

図２

$b \gg f_1$に注意しなければならない。たとえばフィゾー（一八四九年）では歯車—反射鏡間距離は八六三三メートルであった。L_1の諸元を知らないが、アマチュア用の標準的な望遠鏡対物レンズとして、$d_1=10$センチメートル、$f_1=1$メートルを仮定すると、d_0は〇・〇〇一センチメートルの程度である。そして、氏の議論は、少なくとも歯形と

同大の像が結像されているとき、すなわち歯車の歯形の寸法が上記d_0程度以下であるときに意味をもつ。フィゾーは歯数七二〇枚の歯車を使用した。この歯車が〇・〇〇一センチメートル程度の歯形寸法をもつとすれば、その直径は〇・四六センチメートル程度となる。このような歯車の製作・使用は困難である。歯形が〇・一センチメートル程度のものであれば寸法精度も加工も容易であり、そのときの歯車直径(約四六センチメートル)は特に大きなものではなく、十分実用可能である。このときの像の大きさ(広がり)は歯の寸法の百分の一程度となり、氏のいわれる「窓幅が極めてせまい」場合に相当するであろう。すなわち、歯車―反射鏡間が遠距離であること、および、その距離に比較してL_1の直径が極めて小さいことが、円孔スリットの作用を果たしているのである。

次に、L_2を入れた場合について検討してみたが、意外なことに上述のd_0に相当する大きさはL_1のみの場合とほぼ同一である(L_2の焦点距離をf_2として、$b/(b-f_2)$倍広い像が得られるが、$b \gg f_2$)。よって、L_2を入れたため、Eに入射する光量が特に多くなるということはない。》

すなわち、どちらの場合にせよ、フィゾーの行なった大実験の寸法では、観測に有効な窓としては、直径が約〇・〇〇一センチメートルという小さな円孔しか可能にならないという結果に到達する。もっとも、この結果を出すためには高橋氏はレンズの諸元を$d_1=10$センチメートル，$f_1=1$メートルと仮定された。

そこで筆者は、おくればせながら、今からちょうど一二〇年前の、フィゾーがパリ科学アカデミー報告に出した論文を読んでみた(*Compt. rend.* Acad. Sci. Paris, **29** p. 90, 1849)。これは三ページにわたるが、実質は二ページ足らずの、簡単なしかし要領のいい報告で、図面はない。レンズは直径が六センチメートルのものを二個使うとだけ記せられ、その焦点距離には言及していない。しかし、直径六センチメートルというところからみると、高橋氏の仮定はまずまずよいというべきである。

また、工作上から歯車の歯の大きさについても、高橋氏の推定は妥当と思われる。そうすると、有効な窓の幅が、歯の幅にくらべて約百分の一ぐらいせまいから、筆者自身のいうように、L_2があってもなくてもどちらでもよい場合になってしまうというのである。

まったくそのとおりで、この限りではフィゾーの遠距離実験では、レンズL_2はあってもなくてもよいということになる。前稿では、暗黙のうちに窓の幅を歯の幅にとれるものとしているところが間違っていたのである。

三　回折の影響

実はロゲルギスト・グループの集まりでの議論も、この遠距離という条件が中心課題になった。レンズ間の距離が近く、歯の幅をカバーする視野が得られる場合には前稿の議論はもちろん正しい。しかし遠くなると、高橋氏が指摘された上述のこととは別に、視野のなかの光の像が動くことはないはずだというのである。幾何光学の限りでは、たとえ目では観察されなくても、どんなにわずかにせよ、視野中の光の像は移動しているはずである。ところが遠距離であるから回折現象が十分に問題になり、視野のなかが明るくなったり暗くなったりするだけで、決して明るさが左右に移動するようにはみえないというのである。

いま焦点にある点光源からでた光が、直径六センチメートルのレンズを通って、平行光束をつくる場合を考えよう。スクリーンを入れると、レンズの直後では正しく直径六センチメートルの円形部分が明るくなる。スクリーンの位置を次第に遠ざけていくと、完全なレンズであっても、明るい円形の周辺がだんだんぼけると同時に広がっていく(直径が大きくなる)のは回折のためである。このぼけが八キロメートルの遠方ではどの程度になるかを黄色の光(波長六〇〇ナノメートル)についてあたってみると、直径が一〇センチメートルあまりの円形となることがわかる。この円形は中心部が明るく、周辺に向かって暗くなっている。すなわち、レンズの直後では明暗の境目がきちっとしているが、八キロメートル先では境目が「だれて」しまうのである。この現象によって、第二のレンズを通ってつくられる実像がだれ、さらにまたそれを光源として返ってくる光が観測点につくる像もますますだれてくる。このだれの幅に比較して観測に有効な窓の幅は極めてせまいので、観測視野のなかでは、ただ明るくなったり暗くなったりするようにしかみえないというわけである。

四　直径六センチメートルの意味

ここでちょっと注意しておきたいことがある。直径六センチメートルの円形平行光束は、八キロメートルの遠方では直径が一〇センチメートルあまりに広がるが、周辺はずっと暗くなっているので、有効にきくのは中心部の直径五〜六センチメートルぐらいの範囲であろう。もしレンズを六センチメートル以下にすれば、八キロメートル先の回折像は、一〇センチメートルよりずっと大きくなり、そのうちの六センチメートル以下しか受け取れないことになる（八キロメートル先のある一点を第一のレンズの両端と直線で結んだとき、その二本の線の長さの差が光の波長の二分の一になるような点が暗くなる。ここが回折像の外周になる）。そこで二つのレンズの直径を等しくして向かい合わせたとき、六センチメートル以下だと急激に暗くなり、六センチメートル以上なら大きいほうがよいには違いないが、明るさの得はそれほどでないということになる。大きいレンズをつくる困難さを考量すると、六センチメートルという数字が最も有効であると判断される。フィゾーが果たしてここまで考えていたかどうかわからないが、実験を実現する上で大変うまい点をえらんでいるように思われる。

五　レンズL_2の本質的役割

《K氏の説明以外に考えられることとして、M_2のセッティングの問題がある。フィゾー法の実際として$b \gg f_1$であり、最終的に像を結ぶことができるのは図1、図2のP点のごく近くから出た光線であること、いいかえれば、フィゾー光学回路においては点光源が使用されているとみなせることを述べた。そこで、図2の点光源Pからでた光線を追跡してみるとき、M_2がある程度かたむいていると、反射光は再びL_1を通過できないことがわかる。この角度誤差はL_1―M_2距離が長い場合には重大となる。たとえば$d_1=10$センチメートルと仮定して、L_1―M_2が一キロメートル程度であったとしてもセッティング誤差を5×10^{-5}ラジアン（10秒）程度以下にしなければならない（なお、地球から見た火星の視直径は約二〇秒）。

いっぽう、L_2を入れた場合、点光源Pからの光（その一本が図1に記入されている）に対しては、M_2を（M_2上の結像点を中心にして）回転させたとしても、その反射光はL_2通過後再び光軸に平行となって送り返される。このときはM_2の回転角によってEに到着する光量が多少減少するだけである。

反射器M_2として平面鏡のかわりに半径がf_2であるような凹面鏡を使えばもっと有効であろう。（図3）》

高橋氏の論ぜられるこの点がレンズL_2の本質的役割であろう。このことを直感的に理解しやすくするためにえがいた図が、図4と図5である。

図4は鏡M_2だけの場合で、M_2のセッティングが微小角$\delta\theta$狂うと、距離lだけはなれると$2\delta\theta\cdot l$だけ入射光線からはずれてしまう。lが八キロメートルのような大きい値をとれば$\delta\theta$をうんと小さくしなければ、反射光はとうていL_1にはいることはできない。

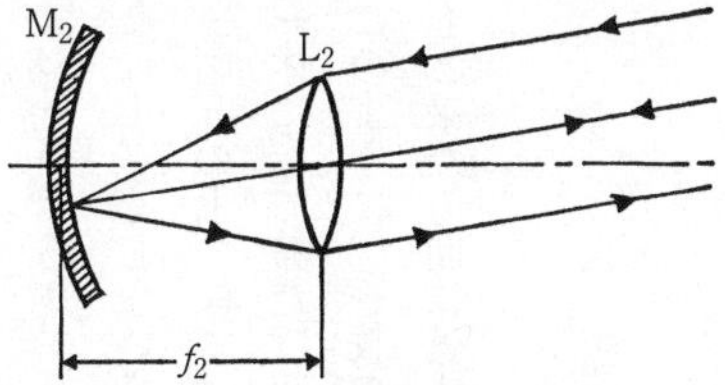

図3

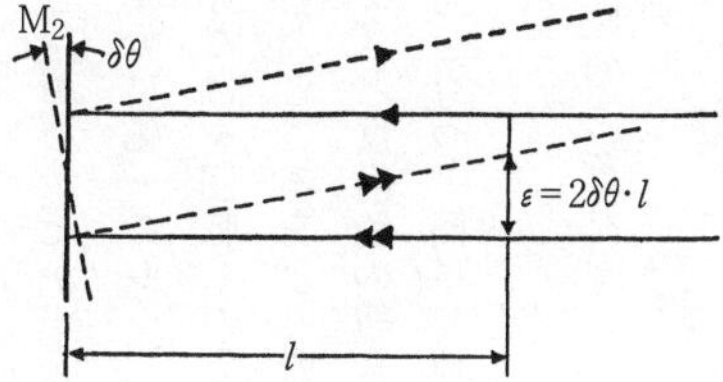

図4

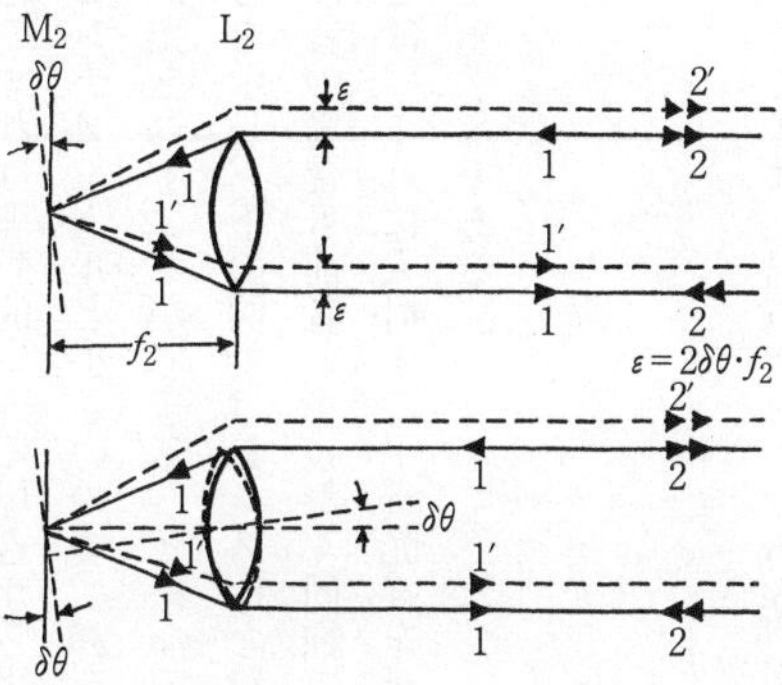

$\varepsilon = 2\delta\theta\cdot f_2$

図5

それに対して図5はレンズのある場合で、光線のずれは理想的に返る場合から平行的に$2\delta\theta \cdot f_2$であり、しかもf_2がたかだか一〇〇センチメートルと小さいので、$\delta\theta$をそんなに小さくしないでも十分に第一のレンズL_1に光を返すことができることになる。

図5の上の図では鏡M_2だけを回転したところを示し、下の図ではレンズL_2と鏡M_2を一体にして$\delta\theta$だけ回転したところを示した。後者の場合も前者とまったく同様である。このように、一枚のレンズと反射鏡の組合わせは、これに入射する平行光線を正しくもと来た方向に返す能力をもつ、簡単で便利な光学系である。

六　霜田教授のご意見

レンズL_2を使うとM_2のセッティングが楽になることは上記のとおりである。光を少しぐらい損するつもりならば、いい加減にセットしても、光はちゃんともともとへもどるのである。極言すれば、どう置いたっていいということである。このことは遠距離で、しかも大気中で行なう実験においては特別に重要な意味をもつことになる。東大物理の霜田光一教授からご指摘いただいたことは、大気に光学的な乱れがあり、この乱れが時間的に変化しても、この方法はその影響をこうむらないというのである。図6に極端に光路が曲がった場合をえがいたが、観測視野のどこか任意の点から発する光が、第二のレンズに到達すれば、それは必ず同様な経路をたどって第一のレンズに返ってくる。

もしレンズL_2をなくして、鏡M_2だけを置いた場合、やっと調整ができて光がもどってきたとしても、その後におこる大気変動で鏡にあたる角度がわずかでもずれると、もはや絶対に光はもどってはこれない。

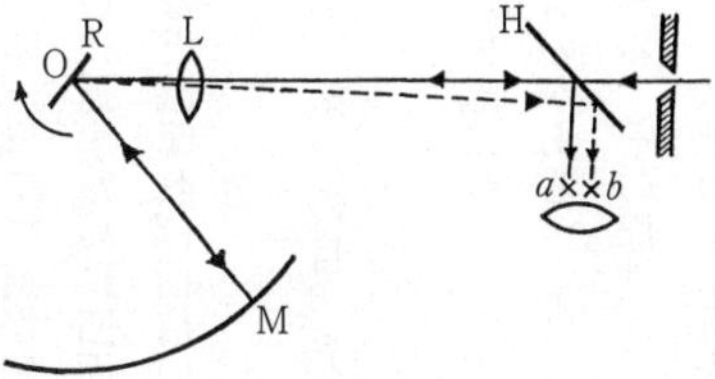

図6

図7

レンズと鏡のこのような組合わせは、非常に幅の広い適応性を持つ光学系で、使いやすいものである。

高橋氏の図3の案はもちろん結構である。これでは、角度のちがって入射する光をも損失なく返すことができる。これはやはり光の速さを測るために、フーコーが一八五〇年に使った回転鏡方式で使われている。図7でMが凹面鏡で、その中心Oに回転鏡Rがある。Oから来る光をいつでもOに返すために凹面鏡を使っているのである。この方法とフィゾー法の本質的な違いなど論ずれば面白いことがあるが、深入りしないでつぎに進もう。

七　ネコの目、光る塗料など

最近の交通標識には、ヘッドライトがあたるとピカッと光る塗料だとか、ネコの目といわれるものがある。これはこちらから光を与えると、与えた方向に強く光を返してくるのである。その原理は、前述したレンズと鏡の組合わせである。

図8(a)でガラス球Oに平行光線を当てたとしよう。この平行光線は屈折し、反対側へでて焦点を結ぶから、ここに反射鏡をおくと、光は光軸に対して対称的に進んで、もとの方向へ返って行く。もしも球をつくっている物質の屈折率(n)がちょうど2であると(図8(b))、球の内面に焦点を結ぶから、ここを鏡にしておけば、そっくり反射されてもとへもどって行く。屈折率が2より小さいときは、焦点はどうしても外へ出てしまうので、裏側にもう少し肉づけをすれば(図8(c))、ちょうど(b)のようになって

うまく反射する。このようにすれば、かなり広い範囲の方向から来る光も容易にもとの方向に返すことができる。光る塗料は、沢山のプラスチックの小球を顔料のなかにうめたものだという。これらは、すべてレンズと反射鏡の組合わせが、広い適応性をもつ実例である。

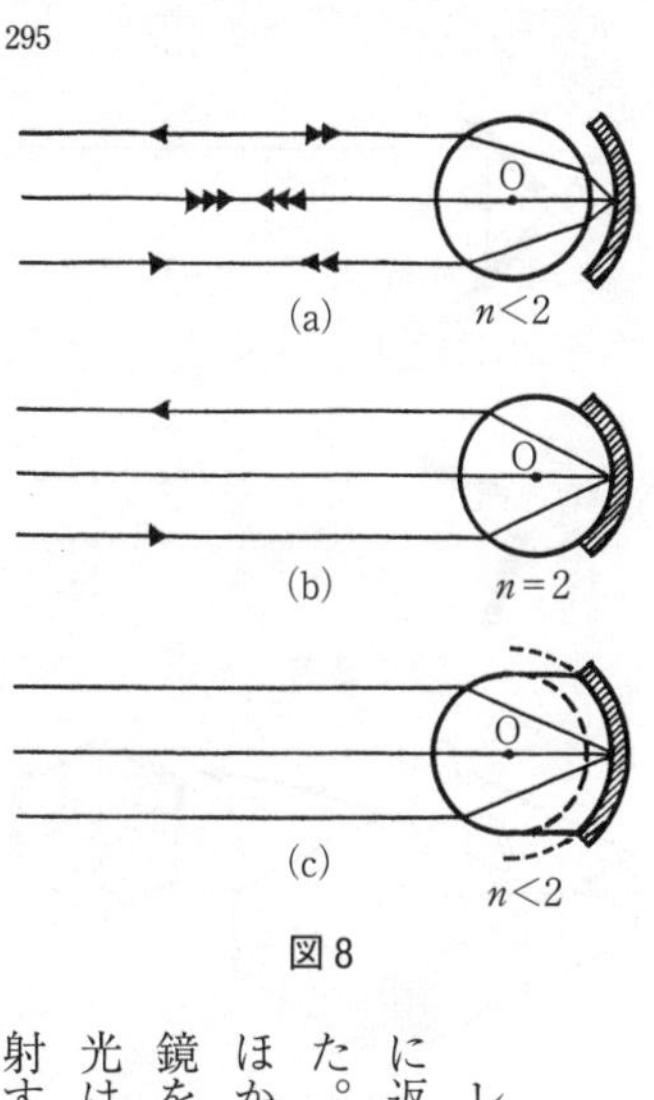

図8

八　キューブ・コーナー (Cube Corner)

レンズと反射鏡の組合わせは光をもとに返す一つの光学系であることはわかった。しかしこのような能力をもつものがほかにないであろうか？　図9は二枚の鏡を直交させたもので、これに入射する光は必ず一八〇度方向を変えて行く。入射する光に対して鏡の組合わせを一体と

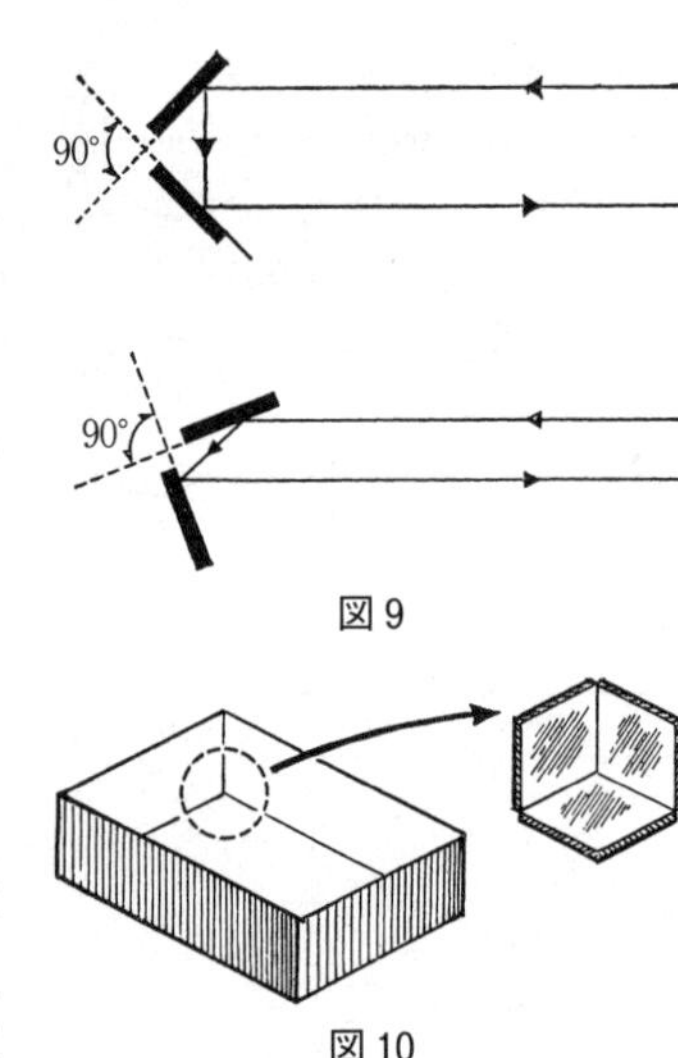

図9

図10

して回転しても、あるいは上下しても、反射して返る光の方向はいつでも逆向きになる。ただし、二枚の鏡の角度を変化させると反射方向がちがってくる。これは光学的測定としていろいろな応用面をもっている。その昔、故中西不二夫教授が振動のひどいエンジンにこのような光学系を取りつけ、気筒内圧力によって二枚の小鏡の相対角度が変化するようにした高速指圧計は、世界的に有名である。エンジンはいくら振動してもその影響は上の原理によって除かれるからである。

以上は平面内の話であるが、これを三次元の空間に拡張すると、二枚の鏡が三枚の鏡になる。箱の一隅の内側に鏡を合計三枚はりつけるのである(図10)。つまり互いに直交する三枚の鏡を使うと、この三面につぎつぎと合計三回反射した光は必ずもとの方向へ返って行くというのである。こういう三枚の鏡の組合わせをキューブ・コーナー(直方体の隅)といい、大体の方向を向ければ必ずもと来た方向に光を返すことができる。これは光速で距離を測るときの反射鏡とか、重力加速度の精密測定に距離を測る相手の物体として使ったりする。月探険者が月面に置いてきたレーザー光の反射板は、数十個の小型キューブ・コーナーをはめ込んだものである。

ではフィゾーはなぜレンズと鏡の組合わせを使って、キューブ・コーナーを使わなかったのだろうか。この答えは、おそらく次のようでよいのだろう。すなわちキューブ・コーナーの三面の直交性を実現することは、かなり高度の技術を必要とするのに対し、レンズと鏡の組合わせは実現が極めて容易であることによる、と。

九　再び高橋氏の投稿に返ろう

《なお、K氏の議論(実物とその像の向き)だけを問題にしたときでも、L_2はどうしても必要であるというわけではない。たとえば図11に図示したようにL_1をセットすればよい。

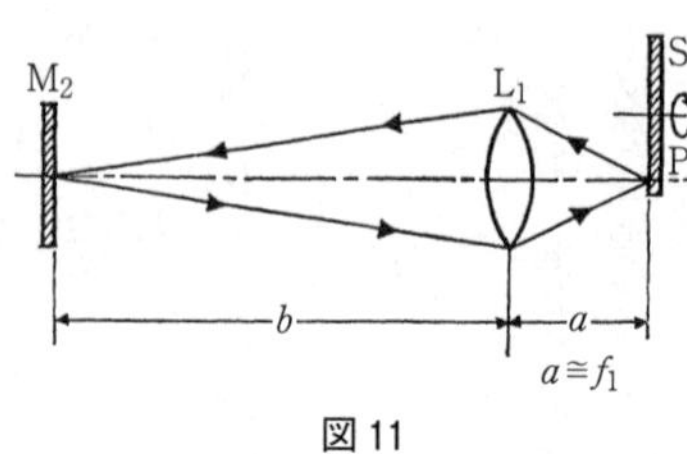

図 11

L_1は調節のために微動可能であろうから、この図を実現させるためには、ほんのわずかはずせばよい。図2のオートコリメーション条件をもちろん、今度は$b \gg a$が強調されて、そのようなセッティングは極めて困難であることが指摘されるであろう。けれども、短距離間で比較的小さな歯車を高速回転させて実験しようと計画した実験家にとっては、まさに氏の理論によってはじめて成功し、実はレンズL_2は省略していたということになるかもしれない。

氏の分析が一八四九年のフィゾーの実験そのものについてなされたのではなく、フィゾー法一般について述べておられることは明らかである。よって、bやf_1を適当にとることによって、氏の議論が重大となるような光学回路を設定することはできるであろう。けれども、まずはじめに、問題にしている光学系において、どの程度の像ができるのかについての検討も必要であろう。

なお、私の文のなかで「像の大きさ(広がり)」というあいまいな表現を使っているが、それは上述のd_0のことであり、像の倍率はL_2があってもなくても、またM_2が凹面鏡の場合でも、すべて一倍である。》

「フィゾー法の影武者」の役割は高橋氏の明快な論説によって明らかになった。私はそれに導かれながら、尾ひれをつけたにすぎない。高橋氏ならびにご意見をお寄せくださった方々に厚く感謝申し上げる。

（ロゲルギストK）

要約のすすめ・反要約のすすめ

一　レター・ジャーナル

情報の氾濫ということがいわれる。物理学者の世界もご多分にもれない。学術雑誌は年ごとに厚くなり、新しい雑誌がつぎつぎに生まれる。レター・ジャーナルというニュー・フェースも登場した。印刷して二ページとか四ページとかの短い論文だけを敏速に出版する雑誌である。

伝統的な物理の雑誌は主として〈本論文〉(full papers)をのせるが、そのほかに、速報を主目的とする〈短い報文〉(letters to the editor とか short notes とか呼ばれる)を集めてのせる欄が設けてあるのがふつうだ。この欄だけを独立させ、長さの制限を少しゆるめた——従来は印刷一ページ以内が通例だった——ものがレター・ジャーナルである。簡潔に書けば、図をふくめて四ページあると相当の内容を盛ることができる。出版に要する時間が短い——早いものは六週間——のは研究者にとって大きな魅力だから、この種の雑誌は大繁昌である。

いまに、一流の研究論文はレター・ジャーナルに集中し、本論文として発表されるのはどちらかというと独創性のとぼしいもの——コツコツつみかさねた力作の類——だけになるのではないかという人もある。従来は、まず一ページの速報を出し、あとでその仕事を本論文に仕上げて発表することがよくおこなわれていた。ところが、四ページまでよろしいということになれば、一流の研究者はその四ページを最高に充実させる術を心得ているから、あらためて本論文を書かないでも必要最小限の情報はつたえられる場合が多いというのである。

レター・ジャーナルが歓迎されたのは、速報性のほかに、そこにのる論文が短いからという理由もあるにちがいない。これは主として読者の立場からの見方で、多忙な読者は最も簡潔に要約された表現を好むからだ。読者の頭に情報がはいりこむ入口の容量はかぎられている。辛うじて生みだした〈他人の論文を読むための時間〉を生かせるように、一つ一つの論文は十分に濃縮されていることが望ましい。

二　著者抄録

〈本論文〉の場合に、題名、著者名などを並べたつぎに著者自身による論文の内容の抄録が印刷されるようになったのはずいぶん昔のことだ。以前には「この論文はこういうことを取り扱ったものです」というかたちの抄録、つまり内容を示すだけの(indicative な)抄録がうけいれられたこともあった。読者はそれを見て本文を読むかどうかをきめればいいという立場だ。しかし、このごろでは、著者抄録は「こういう研究をしてこういう結果——数値をふくむ——が得られました」というかたちのもの、つまり内容を伝える(informational な)ものでなければならないとされる。ＩＵＰＡＰ(国際純正応用物理学連合)の出版委員会でつくった「著者抄録の書き方」の一節には、「その論文の主題が専門ではないが〈関連分野〉としてこれに関心をもつような読者は抄録だけを読めば用が足りるように、またその主題の専門家はそれによって本文を読むべきかどうか正確に判断できるように」書けとある。この要求をみたすように、しかもかぎられた語数(たとえば英文一五〇語)のなかに論文のなかみを要約することは容易でない。一つ一つの内容を秤量し、一語一語をえらびにえらぶ、いわば芸術的な苦心がいる。

世の中がますます忙しくなったのだろう。最近では第一節で述べたような〈短い報文〉にも抄録――たとえば五〇語――をつけて読者の便をはかることが要請されるようになった。一方では、著者抄録を読む手間をさえ省くために、題名にもっとスペースを与えよ、多少長くてもくわしく内容を示す題のほうがいい――という意見も出はじめている。

本論文自体に対しても、簡潔に要約された表現が要求されることはいうまでもない。

三　安倍先生の話

物理学者はこういうきびしい風土に住みなれているから、ふだんものをいうときにもつい必要最小限の語数で意をつくそうとする。ことばが口から出る前に無意識にそういう選択がはたらいてしまうのである。妻が「今晩はあたたかいらしいけど毛布を一枚へらしても大丈夫かしら」と聞くと、彼は「だと思う」と答える。いきおい彼女のほうも「Cさんは痛風で医者に通っているそうだよ。ごちそうのたべすぎで起こる病気だってさ」と聞かされると「まあ、らしい」などと応じるようになってしまう(「Cさん」をおぎなわないと読者には通じないかもしれない)。彼のほうは同じような仲間のなかで暮らしているから痛痒を感じないが、彼女のほうは、クラス会に行くと「まあ、あなたブッキラボウになったわね」といわれる始末になるのである。

余談になったが、論文や抄録のなかでは、「まあ、らしい」式の以心伝心の省略語法は許されない。"If not,"(もしそうでなければ、)というように一般に通じる省略法は使っていいが、電報文のようなものはみとめられない。上の例は〈削りに削る〉精神の行きすぎである。

しかし、正当に簡潔化された表現は一般に明晰になる。これは簡潔化の過程ではあいまいな点をとことんまで追いつめないわけにいかないからで、その極致が数学の表現である。だから、物理学者の議論は、一般的にいって筋がはっきりしていて、要約しやすい。——これは決して「物理学者の議論は一般的にいって正しい」といっているのではない。仮定がわるければ結論はまちがうにきまっているし、途中の論理に落ちがある場合も稀でない。ただ、まちがっている場合にも、どこがおかしいかを指摘しやすいのが「筋がはっきりしていて要約しやすい」議論の特徴である。

　これに反して文科系のひとの話はどうもそれほど単純でないことが多いようだ。私は、かつて、安倍能成（よししげ）先生が卒業式だか入学式だかでされた訓辞を聞いていて、「これはとうてい要約できない話だな」と感じたことをおぼえている。要約できなかったぐらいだから、もちろん何が主題なのだかわからなかった。つぎつぎに話題を転じながら話はなめらかに進んだが、話題のつながり方はいわば連句のつけ方のようなもので、論理的連関があろうとは思えなかった。それでいて、安倍さんの風格というか、体臭というか、そんなものだけはつたわるのだからふしぎな訓辞であった。

　こういう高級な話し方も訓辞や講演なら必ずしもわるくない。しかし、具体的なことをきめるべき会議の席では困る。私は、学術会議主催の公聴会に出席して、〈要約できない〉話が多いのにおどろき、かつ閉口したことがある。文科系の諸氏の発言に特にその例が多かった。文学は本質的に要約のできないものかもしれないが、実務の会議では〈要約できる〉話をすべきである。むしろ要約だけをしゃべるべきだ。

　欧米人の手紙は、まったくの個人的な消息や感懐を書きつらねてくるときは別として、用事の場合にはおそろしく簡潔である。「ますます御清栄の段……」とか「時候不順の折柄……」とかいう文句は一切ぬきで、用件ではじまり、それだけで終わる、数行のものが少なくない。慣れないうちは、味気ない感じもする。その代わり、手紙を出せば、アッという間に返事が返ってくる。用事の手紙はそれでいい——そのほうがいい——のではないか。

四　抄録の訓練

要約の訓練としては論文の抄録を書いてみるのが一番のようだ。他人の論文でもよろしい。自分のメモとしてカタコトをならべるのではなく、きちんとした、一語一句を動かしがたい文章に仕上げることがかんじんだ。もっと大切なのは、いうまでもなく、論文を熟読して各節の内容を正確に計量し、少なくともこれだけはという点(minimum essentials)を洗いだすことである。他人の論文の場合、仕上がった抄録の内容が著者抄録と一致することは必ずしも必要でない。読者には自分の読み方があって当然だからである。

娘が国際基督教大学に行くようになって、私はそこの英語教育に多くの点で感心した。その一つは、長文の英語のテキストを読ませて英文で抄録を書かせる訓練である。未熟な娘には相当なハード・トレーニングのようだったが、しばらく続けるあいだに効果歴然であった。原文があるのだから字引きを引く回数が比較的少なくてすむ点もいい。もっといいのは、テキストをほんとうに読まないかぎり抄録は決して書けないという点である。

いまここで書いていることとは関係がないが、朱のはいった、返ってきた答案をのぞいてみて感心したのは、娘の書いた、私たちなら書き直すほかに手のつけようのないような文章が、最小限の順序のいれかえやことばの置きかえによってとにかく読めるようになっていたことだ。英語を自国語とする先生の強みである。

五　要約によって失われるもの

ひとに事実をつたえ、あるいは自分の考えをつたえるときには、その前に、いおうとすることを自分の頭のなかでおもてから見、裏から見して、もっとも本質的なことだけを洗いだし、それだけを書き、あるいは話すことが時代の要求である。しかし――と私は考えこむことがある。要約された情報は、なるほど目や耳を通過するのは速いけれども、頭のなかにはいってから、血肉にするのに時間がかかるのではないか。著者が論文を圧縮するのに要した手間と時間に近いぐらいのものが、それを解読する読者の側にも要求されるのではないか。それればかりでなく、要約ではつたえることのできない大切なものがあるのではないか。

この疑問に対する答えはかなり複雑である。いくらかでも話を簡単にするために、以下では話題を自然科学的情報の伝達にかぎることにしよう。

世の中には、結果だけ、あるいは知識だけを必要とする読者がある。たとえば非常な高温に耐える合金が発見されたとしよう。ロケット技術者にとっては、その合金が何度までもつか、ほかの機械的性質はどうか、どうすればつくれるか(あるいは入手できるか)だけが関心事であるかもしれない。そういう読者にとっては、できるだけたくさんの情報が速やかに目や耳を通過できるかたちで供給されることが必要であり、しばしば十分である。つまり、各国の主要な研究報告の抄録を集めた国際抄録誌の類が最も有用な情報源として役立つ。そこで、抄録誌を一番重宝がるのは産業界や政府機関であろうという観測が生まれてくる。これは国際抄録誌の編集者を集めた会議での多数意見であった。実は、物理や化学の研究者のあいだでは(Chemical Abstracts や Physics Abstracts のような)抄録誌の利用率は、一部の化学者を除いて、それほど高くないのである。

その一つの理由として、研究者にとっては論文は要約だけでは役に立たないことがあげられる。最も要約されたかたちの抄録は有用であり、必要である。しかし、彼自身の研究に直接に関連のある研究であれば、抄録を読んだだけで用がすむということはあり得ない。本文を読もうと決心した途端に、彼にとっては著者抄録は意味を失う。著者抄録は著者の目で見た内容抄録であり、彼は自分の目でその論文を読むのだからである。論文のなかで、著者は彼の代わりに実験や計算をやってくれている。彼は、著者とともに考えを進め、しばしば著者のやり方に不満をおぼえ、時として著者と反対の結論に到達する! それは一種の創造の過程といっていいかもしれない。こういう読者にとっては、要約は単にきっかけを与えてくれるにすぎず、* その集録である抄録誌に目をさらす時間はどちらかというと空しいものと感じられる。

* しかしこういう読者のためにも、抄録は indicative でなくて informational であるべ

きである。読む前に論文を評価するのをたすけるために。

結果だけを必要とする読者は要約集で用が足りる。その先をめざす読者にとっては、第一線の結果の羅列よりも一つ一つの結果が得られた過程のほうが大切なことが多い。本論文を通じて著者とともに創造の過程に参画してはじめて将来の展望がひらけるからである。

最良の要約は、あるいは、発展の機縁を生むだけのものを内蔵しているかもしれない。しかし、それを読み解くには、鉛筆を片手に本論文のなかの計算を追跡する以上の努力がいるだろう。

六　教科書

要約精神の権化は教科書である。高校の物理の教科書は、アルキメデス以来の物理学者がつみ上げてきたものの要約だ。学問は日に日に進むから、要約すべき素材は年々にふえる。教育にあてるべき若年の期間はかぎられているから、教科書の厚さはふやせない。何を捨て、何をえらぶか――二千年の物理学をいかに要約・抄録して読者を今日の視点に近づけるか――は教科書の筆者の最大の問題である。

そういう目で見ると、今日の教科書は、どれをとってみてもかなりよくできている。よくまあこんなにつめこめたと思うくらいだ。しかしそれは抄録であるがゆえに「つまらない」という宿命をもっている。抄録の集積を読みつづけることができるのは、はっきりした目的をもって何かを探し求めている人――ロケット技術者――か、たちまち眼光紙背に徹してその抄録の秘めているものを見ぬくことのできるえらい人だけだ。高校生はどちらでもないから、教科書がつまらないのは、石を投げれば下に落ちると同じぐらい自然な話である。私の知っているある大学生の話では、彼女の高校の物理の時間は、生徒が輪番に教科書を音読する、P先生が「質問はありませんか」という、だまっていると「じゃ、次……」という調子だったそうだ。彼女が文科系に進んだのは当然である。「P先生よ、地獄に落ちろ!」だ。

教科書が要約集であることは、まあ、仕方がなかろう(PSSC(『PSSC物理』。マサチューセッツ工科大学の教員らが執筆した物理学の教科書シリーズ(邦訳、岩波書店))のような別の行き方もあるが)。しかし、講義までが要約でいいという法はない。教科書の一ページの背後には厖大な研究があり、それらすべては自然そのものとのつき合いから生まれている。その創造の過程を解き明かし――歴史の話をするという意味ではない――生徒をその過程に招待するのが教育というものであろう。そんなことをしたら教科書全部はとてもやれない――そのとおり。教科書あるいは抄録集というものは元来そういうふうに使うべきものなのだ。〈指導要領〉をつくった文部省のお役人やへんな入試問題を出す大学教授などは、P先生といっしょにさっさと地獄に落ちたらいい！

七　研究学校

前節の教育論は偏向のそしりをまぬかれないかもしれない。私が暗黙のうちに教育の目的と仮定していたのは、ものを考える人、考えだす人を育てることだが、世間には一定の知識をもった人をつくりだすのが教育の目的だとする人のほうが多いらしいからである。

高校レベルで議論を続けてもいいが、こんどは私がもう少しよく知っているつもりの大学に舞台を移そう。自然科学系のことだけを考えることは前にことわったとおりである。昔は、自然科学系の学科は、研究者を育てることを目的としていた。入学する学生が、アカデミック・コースを志すかどうかは別として、研究者になりたいという望みではいってくることは自明の前提としてよかった。ところが、大学生(短大をふくむ)の数が同一年齢層の一九・四パーセントに達し、一九三五年の旧制中学進学率一八・五パーセントを上回ることになってくると、この前提が成り立たなくなるのは当然である。

そこで、大学は〈大衆化〉させて、研究者は〈大学院大学〉で育てようという構想が生まれるらしいのだが、私はこの考え方に大きな疑問をもつ。〈大衆化〉した大学の教育は一般教育の拡張であり、ある専門についての一般的知識をそなえた卒業生を出すことが大学の目的とされるようになるのはほとんど必然のなりゆきであろう。「一般常識をそなえた」、しかも「ある専門についてはひと通りの心得のある」、「すぐに役立つ」卒業生を求める声が世間に強いからである。そこで要求されるのは満遍ない要約教育である。理工科系についていえば、「ポケットブックを引きこなせるように」しようとする教育である。そういう技術者に対する要求があるのは事実だから、この種の大学ができてもいい。前節で要約教育は〈つまらない〉のが宿命だときめつけたが、味つけに工夫をすればとにかく食べられるようにはできるだろう。なにしろそれは大学入学まで食べさせられ続けたスタイルの食物だから、学生側にはむしろ抵抗が少ないかもしれない。

しかし、すべての大学がそうなってしまったら、日本の自然科学の前途ははなはだ暗い。すでに述べたことからおわかりのとおり、要約教育は自分でものを〈考えだす〉研究者の養成には役に立たないからだ。そこで重点をおくべきものは〈要約〉された結果ではなく、その結果が出てくるまでの過程、なまの自然とのつき合いからはじまって、紆余曲折しながらそこに到達するまでの過程である。学生をその過程に参画させることである。それには時間がかかるから、こういう教育は満遍ない要約教育とは両立しない。要するに、研究者の養成に必要なのは、あまりたくさんのことを教えない教育、その代わり自然そのものとのつき合いから出発する教育——ある意味ではかたわを育てるかもしれない教育なのである。研究者として育って行くほどの人であれば、やり方さえわかれば、〈教わらなかった〉分野に同じ要領で視野をひろげることは放っておいても自分でやるだろう。

〈研究〉教育は大学院でやればよかろうというのはシロウトの論で、実情は、大学にはいった途端にはじめてもおそすぎるのだ。ことごとしくいうまでもなく、数学、物理、化学で大きな仕事をした人たちは、三〇歳以前にそれをなしとげた――少なくともその端緒をつかんだ――例が多い。数学者アーベルは二七歳、ガロアは二一歳で死んだが、その名は不朽である。こういう大天才は別格としても、若いときにいい仕事をした、あるいはしつつある人は私たちの周囲に数多い。要約教育大学ができることに私は必ずしも反対しない。しかし、研究者養成大学をなくしてはいけない。大学院からではおそいのだ。

満遍ない要約教育でないない教育をめざす後者の大学は、ほとんど必然的に各大学それぞれに特徴のあるかたより方をしたものになるはずだ。この多様性があってはじめて日本の研究の将来が支えられる。研究者養成大学は、一つや二つではなく、かなりの数なければならない。

ヨーロッパ流の大学の概念でいえば、要約教育大学はけっして大学の名にふさわしいものではなかろう。しかし、大学が〈大衆化〉して要約教育機関化することを要望するのが世間の趨勢のようにみえる。よろしい。大学の名はそちらに進呈しよう。そして、私たちの学校は研究学校と呼ぶことにしよう。幾多の俊秀を輩出したパリの高等師範学校（エコル・ノルマル・シュペリエール）や砲工学校（エコル・ポリテクニーク）は大学ではなかった。

八　反要約精神

教科書は、何事もなくいまの物理学ができあがったかのようにスーッと書いてある。あれを読むとなんでもわかってしまっているのかと思う。これは要約というものの通有性だ。要約のなかでは、そこに至るまでの紆余曲折、ところどころに残っている暗やみなどはきれいさっぱりと取り除かれてしまう。ところが、この暗やみや紆余曲折こそ実は研究の手がかりになり、将来への道をひらくものである。きれいごとの書かれている教科書を無条件にはうけいれない疑り深い精神、要約で満足せず本論文の行間に紆余曲折をさぐりながら著者とともに考えなければ承知しない精神、まだ誰も要約を書いていない分野にまさにそのゆえにこそ興味をもつ精神、そういう反要約的、反体制的精神こそ研究者の性根だ――といったら叱られるだろうか。

仲間のことを書くのは気がひけるが、『物理の散歩道』シリーズで読者はいくつかそういう実例をみられただろう。T氏は「呼鈴はなぜ鳴るか」と強靭なる反要約精神を発揮する(『続 物理の散歩道』(本文庫所収))。I_2氏も負けずに、教科書に書かれた霧吹きの原理――「白状すると、実は筆者自身こういう説明をしたことがある」という註がついている――を疑い直し、大風で屋根が吹き飛ぶときのアナロジーを借りて正しい説明をこころみる(「パラドックスの効用」同書(本文庫所収))……。

反要約精神は他人が要約したことを土台として前進することをいさぎよしとしない精神、第一原理から出発して独力でそこに到達しなければ満足しない精神である。仲間の二人が〈パラドックス〉(逆理)という講義をはじめようという。一見物理の根本原則に反しているようにみえる現象に照明を当て、第一原理にさかのぼって考え直してみようというのだ。学生がどう反応するか、聞いてみたいものである。

(ロゲルギストK_2)

編者解説

松浦　壮

本書は、専門分野の異なる物理学者「ロゲルギスト」による科学エッセイ集『物理の散歩道』(岩波書店刊・全五巻。一九六三〜一九七二。新装版、二〇〇九〜二〇一〇)から、とくに味わい深い作品を精選し、一冊の文庫本にまとめたものです。後で解説するように、全五巻からなる『物理の散歩道』そのものが中央公論社の月刊誌「自然」に連載された作品の精選ですから、本文庫は「精選の精選」という位置づけになります。

著者名の「ロゲルギスト」はペンネームで、七名からなるメンバーはいずれも東京大学理学部物理学科を卒業した物理学者の仲間たちです。執筆当時の職と専門は次のとおり。イニシャルはエッセイの書き手を表すために使われています。

近角聡信(C)　東京大学教授　磁性物理学

磯部　孝(Ｉ)　東京大学教授　計測と制御
今井　功(I_2)　東京大学教授　流体力学
近藤正夫(Ｋ)　学習院大学教授　計測物理
木下是雄(K_2)　学習院大学教授　光学、応用物理
大川章哉(Ｏ)　学習院大学教授　結晶物理学
高橋秀俊(Ｔ)　東京大学教授　電子工学、情報科学

本文庫の解説に先だって、この耳慣れないペンネームの由来についてお話しすることにしましょう。

ロゲルギストと『物理の散歩道』の誕生

事の始まりは一九四〇年代にさかのぼります。当時、ノーバート・ウィーナー(一八九四―一九六四)によって「サイバネティクス(cybernetics)」という概念が提唱され、注目を集めていました。情報と制御、生理学と機械工学を総合的に取り扱うことを目的としたこの考え方は、現在でもさまざまな学問分野にとどまらず、美術やＳＦ作品にも大きな影響を残しています。仮にサイバネティクスの名前は知らなくても、ウィ

リアム・ギブスンによる『ニューロマンサー』、大友克洋による『AKIRA』、士郎正宗による『攻殻機動隊』あたりを思い浮かべていただければ、イメージが描けると思います。本書の著者をはじめとする物理学者たちが、いまだ黎明期にあったサイバネティクスに刺激を受け、さらに向こうを張ろうとしたのが物語の始まりです。

ものの成り立ちを理解しようとするとき、「エネルギー」を代表例とする物理学の概念が有効であることは周知の事実で、そこには長い歴史があります。一方で、サイバネティクスの考え方の背後にある「インフォメーション（情報）」を実体として取り扱おうという姿勢は、当時はまだ斬新なものでした。結果として、サイバネティクスの議論はどうしても純粋な情報的見地に偏重しがちだったのですが、生粋の物理学者にとって、これは少々物足りないものでした。情報の概念に、物理学が積み上げてきた「もの」の視点を統合すれば、さらに包括的で強力な体系が確立できるだろうと考えたわけです。この点に意気投合した近角（C）、磯部（I）、近藤（K）、木下（K_2）、高橋（T）の五名をはじめとする物理学者たちは、サイバネティクスの考え方を認めつつも、そこに物理学的な視点を導入し、計測・制御等に対するより一般的・統一的な理論体系を樹立することを目的として、定期的な研究集会を立ち上げたのでした。一九五一年のことです。

この研究集会は、継続的に続けられ、いくつかの新しい知見を生み出しましたが、残念ながら「目標としていた、具体的なものにまとめ上げるまでには至らなかった」ようです。とはいえ、ただでさえ議論好きな物理屋が継続的に集まったのです。互いの知見を磨き合う中で何も生まれないわけがありません。おそらく、この形にならない何かは、会の中で次第に大きな位置を占めてきたのだろうと思われます。そして一九五六年春頃、「大それた目標などはやめてしまって、夕食を共にしながら雑談をする会にしたら」ということになり、この集会は新たな出発を果たしたのでした。この五年間の議論の記録が残っていないのは大変残念ですが、この決定が後に『物理の散歩道』を生み出すことになります。

この新たな集いは、毎月一回、順番に担当を決めてテーマを持ち寄り、夕食を囲みながらそのテーマについて雑談という名の議論を行う、というシンプルなものです。はじめはお店を利用していたけれど、夜中まで気兼ねなく話していたいという理由から次第にメンバーの自宅に集うというスタイルに変わっていった、というほどですから、この会は決して惰性で続いたものではなく、時間を忘れるほどに充実したものであったことがうかがえます。こうした集いを続けているうちに、徐々に「雑談とはいえ何か一本のすじが通っているという自覚」を共有した彼らが、「われわれのグループの主題に何か名をつけ」たいと感じた、というエピソードからも、この雑談に注がれた熱量が想像できます。

こうして生まれた、会の主題を表す言葉が「ロゲルギーク(Logergik)」です。ギリシア語で「言葉」を意味する「ロゴス(logos)」と「仕事」を意味する「エルゴン(ergon)」を組み合わせたこの造語は、サイバネティクスの主題である「インフォメーション」と物理学の主題である「エネルギー」を統一的に取り扱おうとするこの会の立脚点を意識したものです。奇しくも「ロゴス」の概念が示すように、言葉は概念に形を与えます。ロゲルギークの体現者、「ロゲルギスト(Logergist)」が誕生した瞬間です。

ロゲルギストの活動が世に出たのは一九五九年のことです。中央公論社の月刊科学雑誌「自然」の同年二月号に「整流器の効用」という作品で登場したのを皮切りに、毎月の連載「ロゲルギストエッセイ」が始まりました。やがて当初の五人に、大川(O)、今井(I_2)の二人が加わり、七人のロゲルギストがそろいます。

本文庫の元となった岩波書店版『物理の散歩道』全五巻は、一九五九年から一九七一年にかけて「自然」に掲載されたエッセイの中から、選りすぐりの作品を集めて単行本にした科学エッセイ・シリーズです。「目ざましい発展をしている近代物理学のハイウェイの眼まぐるしさを避けて、わきの静かな散歩道に読者を案内しよう」との想いのこもった『物理の散歩道』というタイトルは、ロゲルギストのひとり、高橋秀俊氏の奥様による命名で、「日頃うるさい同人の満場一致の賛成を得た」と言わしめるほど的を射たものでした。これは、本文庫に収録した各作品を読んでいただければ、誰もが納得するところでしょう。なお、雑誌「自然」での連載は一九八三年一二月号まで続きました。実に四半世紀にわたる長期連載です。岩波書店版『物理の散歩道』が完結(一九七二年)した後に雑誌掲載された作品に関しては、同じく再編集されて中央公論社から『新 物理の散歩道』のタイトルで出版され、こちらも全五巻にまとめられています(のちにちくま学芸文庫で再刊)。

ロゲルギスト精神(スピリット)と科学の精神

さて、このような経緯でこの世に出た『物理の散歩道』ですが、「そこには一貫してロゲルギスト精神（スピリット）があった」とは、本文庫に掲載した「はじめに」の中にある近角聡信氏の言葉です。氏はこの精神を次のような項目に分類しています。

○日常のよくわかっていると思われている現象の奥に潜む真の原因を突き止める精神

○詳細な観察で、より深い原因を説明する精神

○知識の盲点を突く意外な発想をする精神

○論理を貫く精神

○注意深く観察する精神

これはまさに、人が自然界を深く理解するために必要なエッセンスそのものです。

言うまでもなく、自然科学の目的は自然現象を説明することです。そして、自然現象とは、私たちの身のまわりに起こるあらゆる出来事を指します。物が落ちるとか、叩くと音が鳴る、といった、比較的原理が明らかな出来事はもちろん、海が青い、鉄は固い、のような、誰もが知っていることだけど、よくよく考えてみるとどうしてかわからないような出来事も自然現象ですし、照明や計算機のような人の手が作り出したものが設計通りの役割を果たすのもまた自然現象です。そんな無数の自然現象の背

後に単純な原理が隠れていて、その見た目がどんなに複雑であろうと、自然現象は単純な原理の発露である、という発想は、現代教育を受けた私たちにはなじみ深いものです。ですが、ここまでわかっていてなお一筋縄ではいかないのが自然です。

深い理解を阻む理由の一つが、私たちが生まれ持った感性の中にあります。おそらく、私たちの祖先が自然界を生き抜くために獲得した能力の名残なのでしょう。私たちは総じて、見慣れた出来事は「当たり前」と処理して注意を払いません。例えば、「砂が濡れると黒くなるんだよ」と聞いたときにどう感じるでしょう？　一瞬でも「そりゃそうだ」と思ってしまいませんか？　なにしろ、この現象は誰でも知っているものです。白い砂浜に波が打ち寄せて引いた後、波が届いた部分は黒くなっている。海岸に行けば必ずと言ってよいほど目にする光景です。当たり前なのです。ですが、その理由は自明でしょうか？　もともと白かった砂が濡れただけで黒く見えることを、単純な原理の発露として説明できるでしょうか？

どんなことにも言えますが、当たり前の出来事というのは、一定の条件が整えば必ず起こるから当たり前になります。言い方を変えるなら、当たり前の出来事とは再現性がある出来事ということです。再現性があるところに科学があります。すなわち、

「当たり前」は科学の対象なのです。どんな自然現象の背後にも単純な原理が隠れていることは知っていて、本来科学の対象であるはずの再現性を目の当たりにしてなお、「当たり前」という言葉を与えてそれ以上の思考を止めてしまう。これが、私たちのあり方に深く根ざす「日常」の罠です。科学の出発点は、この罠を理性で乗り越えた先にあります。「日常のよくわかっていると思われている現象の奥に潜む真の原因を突き止める精神」とは、科学の対象を正しく科学の対象と捉えるために必要なことなのです。

では、当たり前の出来事に立ち止まり、その「奥に潜む真の原因」に迫るにはどうしたらよいか。何より必要なのは、その出来事で何が起きているのかを正しく認識することです。さきほどの濡れた砂の例であれば、「濡れる」というのはどういうことなのか？　砂以外の色の付いた物体に水を付けるとその色はどうなるのか？　そもそも色とは何なのか？ｅｔｃ……。これらの考察から得られるエキサイティングな物語は、本文庫にも収録したエッセイ「ぬれた砂はなぜ黒い」に引き継ぎますが、いずれにせよ、「注意深く観察する精神」を発露し、そこに起きることを素直に正確に読み取ることが、当たり前の奥に潜んでいる理(ことわり)に至るほとんど唯一の手段であることは間違いありません。こうした考察を経てひとつの理解に至ることで、当たり前は当たり前でなくなり、世界はより一層その美しさと深みを増すことになります。当たり前は当たり

ですが、話はまだ終わりません。ひとつの理解に到達したらそれで終わりと思ったら大間違いだからです。例えば、磁石とコイルだけで構成された素朴な呼び鈴を考えてみましょう。コイルと磁石が近くに置かれている場面を想像してください。よく知られたとおり、電流が流れるとコイルは磁石になります。電磁石です。そのコイルの近くに別の磁石があれば、電磁石と化したコイルはその磁石にくっつきます。このとき、ベルを用意して、コイルのほどよい位置に槌(つち)を取り付ければ、槌がベルを叩いて音が鳴ります。さらに、コイルが磁石に付くと回路が途切れるように設計しておけば、槌がベルを叩くと同時に電流が流れなくなるのでコイルは磁石でなくなり、槌は元の場所にもどります。するとまた電流が流れて槌がベルに当たり、すると電流が途切れて槌は元にもどり……という動作が繰り返されるはずです。ということは、この仕組みを作っておけば、ベルが周期的に叩かれて、呼び鈴として機能することになります。いかがでしょう?　たいへん筋が通っているように思いませんか?　これをもって呼び鈴が鳴る仕組みを説明できたと思ってよいでしょうか?

答えはノーです。くわしくは本文庫に収録したエッセイ「呼鈴はなぜ鳴るか」にゆずりますが、実は、よく考えるとこの説明には不備があります。呼び鈴が機能するには、電流が流れたコイルが磁石になることに加えて、コイルが存在することで生じる電流の「慣性」が不可欠で、この点を考慮に入れないかぎり、呼び鈴が鳴る理由は説明できないのです。もしも最初の説明だけで満足してしまっていたら、正しい理解には永遠にたどり着けません。理解とは更新されるものなのです。

同じようなパターンは通説によく見られます。例えば、「洗面台に水を張って栓を抜いたとき、水が右回りするか左回りするかは地球の北半球にいるか南半球にいるかで変わる。なぜならコリオリ力が逆に働くからだ」という、いまだに耳にする通説は完全に間違いです。台風の渦巻きの方向が北半球と南半球で逆になるという知識があるせいで、同じことが洗面台の水の流れにも当てはまるだろうと思い込んでしまうのがこの過ちの主要因です。

この手の思い込みの怖さは、学問に触れている人ほど身に染みていて、彼らは常に、「ひょっとしたら自分は何か見落としているかも知れない」という思いを抱えています。そのつもりで見ると、『物理の散歩道』のすべての作品の中で、ひとつの理解に到達してなお、ある種の物わかりの悪さを発揮して、それを疑っている様子に気づきます。とくに、「パラドックスの効用」というエッセイの中に描かれた、思い込みの罠のおそろしさと面白さは秀逸です。これこそが「詳細な観察で、より深い原因を説明する精神」であり、理解を進めるために必要な態度です。そしてもちろん、今の理解が不十分とわかったときには、「知識の盲点を突く意外な発想をする精神」を発揮し、新しい切り口が模索されることになります。

であるならば、自らが到達した理解の信頼性はどのように保証されるのでしょう？その鍵を握るのが「論理」です。自然科学にかぎらず、どうして科学の手法が信頼され、便利に使われているかというと、科学の体系自体が、「信頼できる説明とは何だろうか？」という命題の、現段階の到達点だからです。

極端な例ですが、予知能力をもっていると主張する人が「明日の天気は雪。なぜなら私の能力がそれを予知したからだ」と言ったら、それを信頼できるかというと、もちろんできません。根拠としているのが特殊能力なので、他の人にとって確かめようがないからです。直感や感情など、人や状況によって変わる根拠も駄目です。説明が誰にとっても信頼できるためには、原理的に誰にでもたどれる手段による必要があります。議論の出発点も同様に、誰にとってもその正しさを認められるものでなければいけません。よくある詭弁法ですが、「人に翼があると仮定しよう」という出発点から得られた結論はすべて信用できないのは言うまでもないでしょう。こうしてたどり着いた方法が、「誰もが認められる仮定から出発し、誰もが認める推論規則に則って原因と結果を結ぶ」という手法です。もちろん、最低限の説明ではありますが、これが「論理」です。「論理を貫く精神」とは、科学であることの最低条件であり、すなわち、信頼できることの最低条件というわけです。

議論と対話と試行錯誤

ここまでは近角聡信氏が挙げたロゲルギスト精神に則ってお話ししてきましたが、ロゲルギストの作品にはもうひとつ大切な精神が隠れています。「議論する精神」です。なにしろ、理解というのは常に不完全である可能性をはらんでいるのです。何かの理解にたどり着いたとしても、見落としや誤解がないことを確かめ、正しい論理に則って説明できているかどうかを常に吟味する必要があります。

そこで登場するのが「議論」です。議論とは、ただ漫然と話し合ったり、揚げ足を取り合ったりすることではありません。複数の人間が、物事の理をより深く探究するという目的を共有し、提示された理解を互いに批判的に検証して、理解を更新するべく吟味する。それが議論です。ひとりの人間の視野はせまいので、複数の視点で多角的な吟味が行われるのがポイントです。こうすることで不完全な点が浮かび上がる可能性が高まりますし、逆に、複数の人間を納得させられれば、その理解はより信頼性を増すことになります。だからこそ、学問の世界では議論が重要視されるのです。エッセイ「フィゾー法の影武者」と「続 フィゾー法の影武者」は、「フィゾー法の影武者」で提示された説明に読者から反論があり、その反論を受けて得られた一層深い理解が「続 フィゾー法の影武者」の中で展開されるという構成になっています。批判的な指摘の重要さにハッとされられます。

こうして分析するとわかるとおり、議論とは本質的に対話です。研究の現場では、自分ひとりで考えているときですら、頭の中では複数の仮想的な人格が擬似的な対話を繰り広げているものです。これが、『物理の散歩道』の作品に対話形式の文章が多い理由のひとつです。本文庫で選んだものだけでも「洋服は二着交替に着た方がいいか」「呼鈴はなぜ鳴るか」「斜め向きに歩こう」「青空にあいている孔」「水玉の物理」

「蛇行よろめき談義」の六つの作品で対話形式が採用されています。この六つのエッセイは著者もそれぞれ違いますから、対話形式はその著者特有の文体ではなく、『物理の散歩道』を貫く「議論する精神」の発露と言ってよいでしょう。作品の中で繰り広げられる対話は議論の見立てです。繰り広げられている対話を通じて、ロゲルギストたちが理解を深めたプロセスを追体験できる作りになっているわけです。

「散歩道」の名が示すように、議論による理解が決して一本道で深まっていくわけではない、という構成も注目に値します。本来、学問というのは試行錯誤の連続です。ひとつの成果が生まれる背後には、必ず、その何倍もの寄り道や迷子、間違いや勘違いが埋もれているものです。ところが、学術的な論文にはそういう泥臭い試行錯誤の履歴は盛り込まれません。あたかも、なんの迷いもなくアイディアに到達し、当然のように必要な技術を探し当て、ひとつのミスも犯さずに最終結果にたどり着いたかのように、結論に至る最短ルートを示すのが論文です。論文はもちろん学問の道標ですが、その結論に達するためにどのような対話がなされ、どのような試行錯誤がなされたかという、生きた議論はなかなか表に現れないものです。

その点、『物理の散歩道』は論文とは違います。本文庫に収録したエッセイ「千鳥格子の謎解き」に代表されるように、ひとつの結論にたどり着くためにどんな寄り道をしたのか、そのプロセスが意図的に活き活きと描かれているのが『物理の散歩道』の特徴です。こうした「研究の匂い」もまた読みどころのひとつです。

自然科学を超えて

ロゲルギストたちの専門は物理学ですが、エッセイのテーマは決して物理学にとどまるものではありません。例えば「つめこむ」というエッセイでは、満員電車の中の人の動きに潜む理(ことわり)に焦点を当てることから始まり、最後は薬の錠剤作りのお話に収束します。「「イトー」「ロジョーホコー」「ハーモニカ」」は音声認知、「シロウトの日本語文法」は言語がテーマですし、「数理倫理学序説」のテーマはそのタイトルが示すとおり倫理です。

物理屋が専門外を語ることは決して勇み足ではありません。「「イトー」「ロジョーホコー」「ハーモニカ」」では、人が音を認知するときに共通の構造があることを指摘し、人が音に意味を見いだす仕組みを議論します。「シロウトの日本語文法」では、日本語で何かを表現するときのパターンを演算規則に落とし込むことで、日本語文法に潜む基本構造を抜き出しています。これらは共に、物理学が得意とする「モデル化」と呼ばれる手法です。もちろん、独りよがりな論が展開されているわけではなく、言語学の専門家の共感が得られていることが文章から見て取れます。「数理倫理学序説」では、社会の中で何を許容し、何を許容しないかという倫理規範を議論する視点として、確率・統計の数理を取り込むべきであるという主張がなされますが、これもまた物理学のごく標準的な方法です。この提案は、現代の日本社会にあってますます無視できないものです。私たちは今後、否応なくこの提案に向き合わざるを得なくなるでしょう。これらの作品にかぎらず、『物理の散歩道』では、物理学の手法が、自然現象以外の物事に対しても効果的に機能する様子が見られます。

なぜ、自然科学である物理学が自然現象以外にも機能するのか。答えは簡単で、これらもまた科学の対象だからです。もしも意外に感じるとしたら、文系・理系などというつまらない分類を捨ててみるとよいでしょう。繰り返しですが、科学とは本来、物事の中に根本原理を見いだし、できるかぎり普遍的に受け入れられる形で説明することを目指す方法論です。その対象が自然現象であれ、社会現象であれ、言葉であれ、その現象にパターンや再現性があるかぎり、この手法は有効です。物理学者は、仕事の中ではその手法を自然現象に適用しますが、そこで培われた能力は、再現性をもつあらゆる物事に適用可能です。言語や認知、社会倫理の議論にモデル化の手法や確率・統計の視点が生きるのは、単純に、科学の手法が使えるだけの再現性をもっているからです。分野によらず、科学を使いこなせる人がもつポテンシャルは思った以上に大きい、ということなのでしょう。

時代によらないということ・未来を作るということ

多くの優れた古典作品がそうであるように、『物理の散歩道』に収録された作品の多くは、今から六〇年以上も前に書かれたにもかかわらず、二一世紀の現代社会にそのまま通用します。本文庫に盛り込む作品を選ぶ基準のひとつとして「現在でも通用すること」を課したのですが、その基準を満たす作品が多すぎてほとんど機能しなかったほどです。これは、『物理の散歩道』の中で、社会の根本である「人」と「物理法則」を見抜こうという精神が当たり前のように採用されているからです。

時代は変化し続けるものです。時代とは何か、という話を始めると、おそらくそれだけで一冊の本が書けますが、確実に言えるのは、その時代を象徴するのは社会通念と技術だということです。これらは本来的に揺蕩(たゆた)うものです。だからこそ、それぞれの時代に生きる人たちは必ず、人生のある時点で社会通念と技術の変化を目の当たりにし、「時代が変わっていく」という実感をもちます。であるならば、自分がもつものの中で、何かを次の時代に伝えられるとすればそれは、どんなに表層が変わってもその奥でそれらを支える「変わらないもの」であるでしょう。この想いはいつの時代でも同じであり、これこそが教育を生む原点です。物理学者であるロゲルギストたちは、こうした「変わっていく中でも変わらないもの」を見ることに慣れています。彼らが研究者であると同時に教育者でもあるのは必然です。

思うに、学びの本質は研究にあります。研究とは、なにも学問的に新しいことにチャレンジするだけではありません。研究とは本来個人的なものです。世界中の人間が「当たり前」と言ったとしても、自分にとって腑に落ちていない物事を自らの血肉にしようとするあらゆる試みが「研究」です。こうした営みを経て、他人の言葉でない、自分の言葉で世界を語れる人物こそが、次の時代で一歩を踏み出し得るのだ、と私は思います。本文庫の結びとなるエッセイ「要約のすすめ・反要約のすすめ」の中で、木下是雄氏は強い調子でこう語ります。

きれいごとの書かれている教科書を無条件にはうけいれない疑り深い精神、要約で満足せず本論文の行間に紆余曲折をさぐりながら著者とともに考えなければ承知しない精神、まだ誰も要約を書いていない分野にまさにそのゆえにこそ興味をもつ精神、そういう反要約的、反体制的精神こそ研究者の性根だ

私はこの言葉に、若者に向けた力強いエールを感じます。『物理の散歩道』は、その行間において、変わらないものを見いだすにはどうしたらよいか、どういう学びが時代を切り開く地力を与えてくれるのかを雄弁に語ってくれています。こうした、時代を経ても変わらない、古来から受け継がれ、発展してきた科学の知恵を皆さんと共有できることを、一物理学者としてうれしく思います。

（まつうらそう・慶應義塾大学教授）

単行本版所収巻／雑誌掲載号一覧

本書収録の各話について、単行本版での所収巻と雑誌での掲載号を記す。

つめこむ　『物理の散歩道』所収／「自然」一九六一年五月号掲載（原題「パッキング」）

洋服は二着交替に着た方がいいか　『物理の散歩道』所収／「自然」一九五九年五月号掲載（原題「洋服は2着が有利か」）

「**イ**トー」「**ロ**ジョーホコー」「**ハ**ーモニカ」　『物理の散歩道』所収／「自然」一九六一年三月号掲載

パラドックスの効用　『続　物理の散歩道』所収／「自然」一九六二年九月号掲載

呼鈴はなぜ鳴るか　『続　物理の散歩道』所収／「自然」一九六〇年二月号掲載

シロウトの日本語文法　『続　物理の散歩道』所収／「自然」一九六三年一一月号掲載
斜め向きに歩こう　『第三　物理の散歩道』所収／「自然」一九六五年一月号掲載
数理倫理学序説　『第三　物理の散歩道』所収／「自然」一九六五年一〇月号掲載（原題「数理倫理学序説　確率の教育はまず社会科で」）
千鳥格子の謎解き　『第四　物理の散歩道』所収／「自然」一九六八年七月号掲載
青空にあいている孔　『第四　物理の散歩道』所収／「自然」一九六八年四月号掲載
水玉の物理　『第四　物理の散歩道』所収／「自然」一九六七年九月号掲載
蛇行よろめき談義　『第五　物理の散歩道』所収／「自然」一九七〇年六月号掲載
ぬれた砂はなぜ黒い　『第五　物理の散歩道』所収／「自然」一九七〇年七月号掲載
フィゾー法の影武者　『第五　物理の散歩道』所収／「自然」一九六九年二月号掲載
続　フィゾー法の影武者　『第五　物理の散歩道』所収／「自然」一九六九年九月号掲載
要約のすすめ・反要約のすすめ　『第五　物理の散歩道』所収／「自然」一九六九年五月号掲載

〔編集付記〕

本書の底本には『新装版 物理の散歩道』全五冊(岩波書店、二〇〇九～二〇一〇年刊)を用いた。

なお、本書には今日では不適切とされるような表現があるが、原文の歴史性を考慮してそのままとした。

(二〇二三年一〇月、岩波文庫編集部)

精選 物理の散歩道

2023年11月15日 第1刷発行

著 者 ロゲルギスト

編 者 松浦 壮

発行者 坂本政謙

発行所 株式会社 岩波書店
〒101-8002 東京都千代田区一ツ橋2-5-5

案内 03-5210-4000 営業部 03-5210-4111
文庫編集部 03-5210-4051
https://www.iwanami.co.jp/

印刷・三陽社 カバー・精興社 製本・中永製本

ISBN 978-4-00-339561-5 Printed in Japan

読書子に寄す

——岩波文庫発刊に際して——

岩波茂雄

真理は万人によって求められることを自ら欲し、芸術は万人によって愛されることを自ら望む。かつては民を愚昧ならしめるために学芸が最も狭き堂宇に閉鎖されたことがあった。今や知識と美とを特権階級の独占より奪い返すことはつねに進取的なる民衆の切実なる要求である。岩波文庫はこの要求に応じそれに励まされて生まれた。それは生命ある不朽の書を少数者の書斎と研究室とより解放して街頭にくまなく立たしめ民衆に伍せしめるであろう。近時大量生産予約出版の流行を見る。その広告宣伝の狂態はしばらくおくも、後代にのこすと誇称する全集がその編集に万全の用意をなしたるか。千古の典籍の翻訳企図に敬虔の態度を欠かざりしか。さらに分売を許さず読者を繫縛して数十冊を強うるがごとき、はたしてその揚言する学芸解放のゆえんなりや。吾人は天下の名士の声に和してこれを推挙するに躊躇するものである。このときにあたって、岩波書店は自己の責務のいよいよ重大なるを思い、従来の方針の徹底を期するため、すでに十数年以前より志して来た計画を慎重審議この際断然実行することにした。吾人は範をかのレクラム文庫にとり、古今東西にわたって文芸・哲学・社会科学・自然科学等種類のいかんを問わず、いやしくも万人の必読すべき真に古典的価値ある書をきわめて簡易なる形式において逐次刊行し、あらゆる人間に須要なる生活向上の資料、生活批判の原理を提供せんと欲する。この文庫は予約出版の方法を排したるがゆえに、読者は自己の欲する時に自己の欲する書物を各個に自由に選択することができる。携帯に便にして価格の低きを最主とするがゆえに、外観を顧みざるも内容に至っては厳選最も力を尽くし、従来の岩波出版物の特色をますます発揮せしめようとする。この計画たるや世間の一時の投機的なるものと異なり、永遠の事業として吾人は微力を傾倒し、あらゆる犠牲を忍んで今後永久に継続発展せしめ、もって文庫の使命を遺憾なく果たさしめることを期する。芸術を愛し知識を求むる士の自ら進んでこの挙に参加し、希望と忠言とを寄せられることは吾人の熱望するところである。その性質上経済的には最も困難多きこの事業にあえて当たらんとする吾人の志を諒として、その達成のため世の読書子とのうるわしき共同を期待する。

昭和二年七月

《法律・政治》〔白〕

- 人権宣言集 — 高木八尺・末延三次・宮沢俊義編
- 新版 世界憲法集 第二版 — 高橋和之編
- 君主論 — マキァヴェッリ 河島英昭訳
- フィレンツェ史 全二冊 — マキァヴェッリ 齊藤寛海訳
- リヴァイアサン 全四冊 — ホッブズ 水田洋訳
- 法の精神 全三冊 — モンテスキュー 野田良之・稲本洋之助・上原行雄・田中治男・三辺博之・横田地弘訳
- 教育に関する考察 — ロック 服部知文訳
- 完訳 統治二論 — ジョン・ロック 加藤節訳
- 寛容についての手紙 — ジョン・ロック 加藤節・李静和訳
- キリスト教の合理性 — ジョン・ロック 加藤節訳
- ルソー 社会契約論 — 桑原武夫・前川貞次郎訳
- アメリカのデモクラシー 全四冊 — トクヴィル 松本礼二訳
- リンカーン演説集 — 高木八尺・斎藤光訳
- 権利のための闘争 — イェーリング 村上淳一訳
- 近代人の自由と古代人の自由・征服の精神と簒奪 他一篇 — コンスタン 堤林剣・堤林恵訳
- 民主主義の本質と価値 他一篇 — ハンス・ケルゼン 長尾龍一・植田俊太郎訳
- 外交談判法 — カリエール 坂野正高訳
- 危機の二十年 —理想と現実 — E・H・カー 原彬久訳
- ザ・フェデラリスト — A・ハミルトン J・ジェイ J・マディソン 斎藤眞・中野勝郎訳
- アメリカの黒人演説集 —キング・マルコムX・モリスン 他 — 荒このみ編訳
- モーゲンソー 国際政治 全三冊 —権力と平和 — 原彬久監訳
- ポリアーキー — ロバート・A・ダール 高畠通敏・前田脩訳
- 現代議会主義の精神史的状況 他一篇 — カール・シュミット 樋口陽一訳
- 政治的なものの概念 — カール・シュミット 権左武志訳
- 第二次世界大戦外交史 全二冊 — 芦田均
- 憲法講話 — 美濃部達吉
- 日本国憲法 — 長谷部恭男解説
- 民主体制の崩壊 —危機・崩壊・再均衡 — ファン・リンス 横田正顕訳
- 憲法 — 鵜飼信成

《経済・社会》〔白〕

- 政治算術 — ペティ 大内兵衛・松川七郎訳
- 国富論 全四冊 — アダム・スミス 水田洋監訳 杉山忠平訳
- 法学講義 — アダム・スミス 水田洋訳
- コモン・センス 他三篇 — トーマス・ペイン 小松春雄訳
- 経済学における諸定義 — マルサス 玉野井芳郎訳
- オウエン自叙伝 — ロバアト・オウエン 五島茂訳
- 戦争論 全三冊 — クラウゼヴィッツ 篠田英雄訳
- 自由論 — J・S・ミル 塩尻公明・木村健康訳
- 大学教育について — J・S・ミル 竹内一誠訳
- 功利主義 — J・S・ミル 関口正司訳
- イギリス国制論 全二冊 — バジョット 遠山隆淑訳
- ユダヤ人問題によせて ヘーゲル法哲学批判序説 — マルクス 城塚登訳
- 経済学・哲学草稿 — マルクス 城塚登・田中吉六訳
- 新編輯版 ドイツ・イデオロギー — マルクス エンゲルス 廣松渉編訳 小林昌人補訳
- マルクス エンゲルス 共産党宣言 — 大内兵衛・向坂逸郎訳
- 賃労働と資本 — マルクス 長谷部文雄訳
- 賃銀・価格および利潤 — マルクス 長谷部文雄訳
- マルクス 経済学批判 — 武田隆夫・遠藤湘吉・大内力・加藤俊彦訳
- マルクス 資本論 全九冊 — エンゲルス編 向坂逸郎訳
- トロツキー わが生涯 全二冊 — 森田成也・志田昇訳

空想より科学へ —社会主義の発展— エンゲルス 大内兵衛訳
帝国主義論 全二冊 ホブスン 矢内原忠雄訳
帝国主義 レーニン 宇高基輔訳
国家と革命 レーニン 宇高基輔訳
ローザ・ルクセンブルク 獄中からの手紙 秋元寿恵夫訳
雇用、利子および貨幣の一般理論 全二冊 ケインズ 間宮陽介訳
シュムペーター 経済発展の理論 全二冊 塩野谷祐一・中山伊知郎・東畑精一訳
シュムペーター 経済学史 —学説ならびに方法の諸段階— 中山伊知郎・東畑精一訳
租税国家の危機 シュムペーター 木村元一・小谷義次訳
日本資本主義分析 山田盛太郎
恐慌論 宇野弘蔵
経済原論 宇野弘蔵
資本主義と市民社会 他十四篇 大塚久雄 齋藤英里編
共同体の基礎理論 他六篇 大塚久雄 小野塚知二編
ユートピアだより ウィリアム・モリス 川端康雄訳
社会科学と社会政策にかかわる認識の「客観性」 マックス・ヴェーバー 富永祐治・立野保男訳 折原浩補訳
プロテスタンティズムの倫理と資本主義の精神 マックス・ヴェーバー 大塚久雄訳

職業としての学問 マックス・ウェーバー 尾高邦雄訳
社会学の根本概念 マックス・ヴェーバー 清水幾太郎訳
職業としての政治 マックス・ヴェーバー 脇圭平訳
古代ユダヤ教 全三冊 マックス・ヴェーバー 内田芳明訳
宗教と資本主義の興隆 —歴史的研究— 全二冊 トーニー 出口勇蔵・越智武臣訳
世論 全二冊 リップマン 掛川トミ子訳
鯰絵 —民俗的想像力の世界— C・アウエハント 小松和彦・中沢新一・飯島吉晴・古家信平訳
贈与論 他二篇 マルセル・モース 森山工訳
国民論 他二篇 マルセル・モース 森山工編訳
ヨーロッパの昔話 その形と本質 マックス・リュティ 小澤俊夫訳
独裁と民主政治の社会的起源 —近代世界形成過程における領主と農民— 全二冊 バリントン・ムーア 宮崎隆次・森山茂徳・高橋直樹訳
大衆の反逆 オルテガ・イ・ガセット 佐々木孝訳

《自然科学》〔青〕

ヒポクラテス医学論集 國方栄二編訳
科学と仮説 ポアンカレ 河野伊三郎訳
ロウソクの科学 ファラデー 竹内敬人訳
種の起原 全二冊 ダーウィン 八杉龍一訳

自然発生説の検討 パストゥール 山口清三郎訳
完訳ファーブル昆虫記 全十冊 山田吉彦・林達夫訳
科学談義 T・H・ハックスリ 小泉丹訳
メンデル 雑種植物の研究 岩槻邦男・須原準平訳
アインシュタイン 相対性理論 内山龍雄訳・解説
相対論の意味 アインシュタイン 矢野健太郎訳
アインシュタイン 一般相対性理論 小玉英雄編訳・解説
自然美と其驚異 ジョン・ラバック 板倉勝忠訳
ダーウィニズム論集 八杉龍一編訳
ニールス・ボーア論文集1 因果性と相補性 山本義隆編訳
ニールス・ボーア論文集2 量子力学の誕生 山本義隆編訳
パロマーの巨人望遠鏡 全二冊 D・O・ウッドベリー 関正雄・湯澤博・成相恭二訳
ハッブル 銀河の世界 戎崎俊一訳
生物から見た世界 ユクスキュル・クリサート 日高敏隆・羽田節子訳
ゲーデル 不完全性定理 林晋・八杉満利子訳
日本の酒 坂口謹一郎
生命とは何か —物理的にみた生細胞— シュレーディンガー 岡小天・鎮目恭夫訳

ウィーナー サイバネティックス —動物と機械における制御と通信　池原止戈夫・彌永昌吉・室賀三郎・戸田巌訳

熱輻射論講義　マックス・プランク　西尾成子訳

コレラの感染様式について　ジョン・スノウ　山本太郎訳

20世紀科学論文集 現代宇宙論の誕生　須藤靖編

高峰譲吉文集 いかにして発明国民となるべきか　鈴木淳編

相対性理論の起原 他四篇　廣重徹　西尾成子編

《歴史・地理》〔青〕

- 新訂 魏志倭人伝・後漢書倭伝・宋書倭国伝・隋書倭国伝 —中国正史日本伝1 — 石原道博編訳
- 新訂 旧唐書倭国日本伝・宋史日本伝・元史日本伝 —中国正史日本伝2 — 石原道博編訳
- ヘロドトス 歴史 全三冊 — 松平千秋訳
- トゥーキュディデース 戦史 全三冊 — 久保正彰訳
- ガリア戦記 — カエサル 近山金次訳
- ランケ 世界史概観 —近世史の諸時代 — 鈴木成高 相原信作訳
- ランケ自伝 — 林健太郎訳
- 歴史とは何ぞや — ベルンハイム 坂口昂 小野鉄二訳
- 歴史における個人の役割 — プレハーノフ 木原正雄訳
- 古代への情熱 —シュリーマン自伝 — シュリーマン 村田数之亮訳
- アーネスト・サトウ 一外交官の見た明治維新 全二冊 — 坂田精一訳
- ベルツの日記 全二冊 — トク・ベルツ編 菅沼竜太郎訳
- 武家の女性 — 山川菊栄
- インディアスの破壊についての簡潔な報告 — ラス・カサス 染田秀藤訳
- ラス・カサス インディアス史 全七冊 — 長南実訳 石原保徳編
- コロンブス 全航海の報告 — 林屋永吉訳
- 戊辰物語 — 東京日日新聞社会部編
- 大森貝塚 —付 関連史料 — E・S・モース 近藤義郎 佐原真編訳
- ナポレオン言行録 — オクターヴ・オブリ編 大塚幸男訳
- 中世的世界の形成 — 石母田正
- 日本の古代国家 — 石母田正
- 平家物語 他六篇 — 石母田正 髙橋昌明編
- クリオの顔 —歴史随想集 — E・H・ノーマン 大窪愿二編訳
- 日本における近代国家の成立 — E・H・ノーマン 大窪愿二訳
- 旧事諮問録 —江戸幕府役人の証言 全二冊 — 旧事諮問会編 進士慶幹校注
- 朝鮮・琉球航海記 —一八一六年アマースト使節団とともに — ベイジル・ホール 春名徹訳
- アリランの歌 —ある朝鮮人革命家の生涯 — ニム・ウェールズ キム・サン 松平いを子訳
- さまよえる湖 全二冊 — ヘディン 福田宏年訳
- 老松堂日本行録 —朝鮮使節の見た中世日本 — 宋希璟 村井章介校注
- 十八世紀パリ生活誌 —タブロー・ド・パリ 全二冊 — メルシエ 原宏編訳
- 北槎聞略 —大黒屋光太夫ロシア漂流記 — 桂川甫周 亀井高孝校訂
- ヨーロッパ文化と日本文化 — ルイス・フロイス 岡田章雄訳注
- ギリシア案内記 全二冊 — パウサニアス 馬場恵二訳
- 西遊草 — 清河八郎 小山松勝一郎校注
- オデュッセウスの世界 — フィンリー 下田立行訳
- 東京に暮す —一九二八〜一九三六 — キャサリン・サンソム 大久保美春訳
- ミカド —日本の内なる力 — W・E・グリフィス 亀井俊介訳
- 増補 幕末百話 — 篠田鉱造
- 幕末明治 女百話 全二冊 — 篠田鉱造
- トゥバ紀行 — メンヒェン=ヘルフェン 田中克彦訳
- 徳川時代の宗教 — R・N・ベラー 池田昭訳
- ある出稼石工の回想 — マルタン・ナド 喜安朗訳
- 植物巡礼 —プラント・ハンターの回想 — F・キングドン-ウォード 塚谷裕一訳
- モンゴルの歴史と文化 — ハイシッヒ 田中克彦訳
- ダンピア 最新世界周航記 全二冊 — 平野敬一訳
- ローマ建国史 全三冊(既刊上巻) — リーウィウス 鈴木一州訳
- 元治夢物語 —幕末同時代史 — 馬場文英 徳田武校注
- フランス・プロテスタントの反乱 —カミザール戦争の記録 — カヴァリエ 二宮フサ訳
- ニコライの日記 —ロシア人宣教師が生きた明治日本 全三冊 — 中村健之介編訳
- 徳川制度 全三冊・補遺 — 加藤貴校注

第二のデモクラテス
戦争の正当原因についての対話
セプールベダ
染田秀藤訳

ユグルタ戦争 カティリーナの陰謀
サルスティウス
栗田伸子訳

史的システムとしての資本主義
ウォーラーステイン
川北稔訳

《哲学・教育・宗教》〔青〕

- ソクラテスの弁明・クリトン　プラトン　久保勉訳
- ゴルギアス　プラトン　加来彰俊訳
- 饗宴　プラトン　久保勉訳
- テアイテトス　プラトン　田中美知太郎訳
- パイドロス　プラトン　藤沢令夫訳
- メノン　プラトン　藤沢令夫訳
- 国家　全二冊　プラトン　藤沢令夫訳
- プロタゴラス　―ソフィストたち　プラトン　藤沢令夫訳
- パイドン　―魂の不死について　プラトン　岩田靖夫訳
- アナバシス　―敵中横断六〇〇〇キロ　クセノポン　松平千秋訳
- アリストテレス　ニコマコス倫理学　全二冊　高田三郎訳
- アリストテレス　形而上学　全二冊　出隆訳
- アリストテレス　弁論術　戸塚七郎訳
- アリストテレース　詩学　ホラーティウス　詩論　松本仁助・岡道男訳
- 物の本質について　ルクレーティウス　樋口勝彦訳
- エピクロス　―教説と手紙　出隆・岩崎允胤訳
- 生の短さについて　他二篇　セネカ　大西英文訳
- 怒りについて　他二篇　セネカ　兼利琢也訳
- エピクテトス　人生談義　全二冊　國方栄二訳
- 人さまざま　テオプラストス　森進一訳
- マルクス・アウレーリウス　自省録　神谷美恵子訳
- 老年について　キケロー　中務哲郎訳
- 弁論家について　全二冊　キケロー　大西英文訳
- キケロー書簡集　高橋宏幸編
- 平和の訴え　エラスムス　箕輪三郎訳
- 方法序説　デカルト　谷川多佳子訳
- 哲学原理　デカルト　桂寿一訳
- 情念論　谷川多佳子訳
- パンセ　全三冊　パスカル　塩川徹也訳
- スピノザ　神学・政治論　全二冊　畠中尚志訳
- 知性改善論　スピノザ　畠中尚志訳
- スピノザ　エチカ　（倫理学）　全二冊　畠中尚志訳
- スピノザ　国家論　畠中尚志訳
- スピノザ往復書簡集　畠中尚志訳
- デカルトの哲学原理　―附　形而上学的思想　スピノザ　畠中尚志訳
- スピノザ　神・人間及び人間の幸福に関する短論文　畠中尚志訳
- モナドロジー　他二篇　ライプニッツ　谷川多佳子・岡部英男訳
- 市民の国について　全二冊　ヒューム　小松茂夫訳
- 自然宗教をめぐる対話　ヒューム　犬塚元訳
- エミール　全三冊　ルソー　今野一雄訳
- 人間不平等起原論　ルソー　本田喜代治・平岡昇訳
- ルソー　社会契約論　桑原武夫・前川貞次郎訳
- 言語起源論　―旋律と音楽的模倣について　ルソー　増田真訳
- ディドロ　絵画について　佐々木健一訳
- 道徳形而上学原論　カント　篠田英雄訳
- 啓蒙とは何か　他四篇　カント　篠田英雄訳
- 純粋理性批判　全三冊　カント　篠田英雄訳
- カント　実践理性批判　波多野精一・宮本和吉・篠田英雄訳
- 判断力批判　全二冊　カント　篠田英雄訳
- 永遠平和のために　カント　宇都宮芳明訳

岩波文庫の最新刊

谷川俊太郎選
永瀬清子詩集

妻であり母であり農婦であり勤め人であり、それらすべてでありつづけることによって詩人であった永瀬清子(一九〇六―九五)の、勁い生命感あふれる決定版詩集。〔緑二三一―一〕 定価一一五五円

フロイト著／高田珠樹・新宮一成・須藤訓任・道籏泰三訳
精神分析入門講義(上)

第一次世界大戦のさなか、ウィーン大学で行われた全二八回の講義。入門書であると同時に深く強靱な思考を伝える、フロイトの代表的著作。(全二冊)〔青六四二―一〕 定価一四三〇円

ヴィンチェンツォ・ヴィヴィアーニ著／田中一郎訳
ガリレオ・ガリレイの生涯 他二篇

ガリレオの口述筆記者ヴィヴィアーニが著した評伝三篇。数多あるガリレオ伝のなかでも最初の評伝として資料的価値が高い。間近で見た師の姿を語る。〔青九五五―一〕 定価八五八円

カール・ポパー著／小河原誠訳
開かれた社会とその敵
第二巻 にせ予言者―ヘーゲル、マルクスそして追随者(下)

マルクスを筆頭とする非合理主義を徹底的に脱構築したポパーは、合理主義の立て直しを模索する。はたして歴史に意味はあるのか。懇切な解説を付す。(全四冊)〔青N六〇七―四〕 定価一五七三円

……今月の重版再開……

今西祐一郎校注
蜻蛉日記
定価一一五五円 〔黄一四―一〕

ポオ作／八木敏雄訳
黄金虫・アッシャー家の崩壊 他九篇
定価一二二一円 〔赤三〇六―三〕